提防那些好心人

職場經驗談

永續圖書線上購物網
讀品文化事業有限公司
www.foreverbooks.com.tw
yungjiuh@ms45.hinet.net

思想系列 71

提防那些「好心人」：職場經驗談

編　　著　呂承華
出 版 者　讀品文化事業有限公司
責任編輯　陳毅達
封面設計　姚恩涵
內文排版　王國卿

總 經 銷　永續圖書有限公司
TEL ／(02)86473663
FAX ／(02)86473660
劃撥帳號　18669219
地　　址　22103 新北市汐止區大同路三段 194 號 9 樓之 1
TEL ／(02)86473663
FAX ／(02)86473660
出 版 日　2018 年 04 月

法律顧問　方圓法律事務所　涂成樞律師
CVS 代理　美璟文化有限公司
TEL ／(02)27239968
FAX ／(02)27239668

國家圖書館出版品預行編目資料

提防那些「好心人」：職場經驗談／
呂承華編著.--初版.--
新北市：讀品文化, 民 107.04
面；公分. --（思想系列：71）
ISBN 978-986-453-071-7 (平裝)
1. 職場成功法　2. 人際關係
494.35　　107002134

CONTENTS

1. 沒有永遠的關係，只有恆久的利益

目錄

CONTENTS

提防那些「好心人」職場經驗談

目錄

3 別讓同事成爲敵人

CONTENTS

目錄

Part

1

「沒有永遠的關係，只有恒久的利益」

01

竭力與你親近的人或許正圖謀不軌

人生的道路從來不是平坦寬闊的，不要說爬山下海，即使是走在寬闊平坦的大街上我們也不能大意。只有謹慎前行的人，才有可能順利地走過人生這條崎嶇的長路，不斷享受那些美好動人的幸福時光。

「害人之心不可有」，其道理不言自明，因為我們早已在堅持這個人生信條。「防人之心不可無」，這一點卻常常為我們所忽略而沒有擺到心中合理的位置上。究其原因，也許是我們錯誤地認為，所有的其他人也會像自己一樣堅持「害人之心不可有」。

其實我們的世界遠沒有達到想像中的那樣美好，我們實在應該每看到一個水溝蓋就告訴自己一次「防人之心不可無」有多麼重要，因為一個失去水溝蓋的地方能釀出多少悲劇，也許只有那個黑色的窟窿才知道。

我們也應該牢記，不僅僅是「害人之心」，「無心之失」也一樣會對我們造成傷害。佳靜是某化妝品公司的業務骨幹，她的業績一直非常突出，與上司丁姐的關係也很親厚。新來的業務員小潔被安排到佳靜帶領的這個小組，小潔很年輕，一副單純簡單的模樣，和佳靜很談得來，兩人很快成了好朋友。

一次，佳靜因為疏忽，在工作中出了一個小差錯。要求嚴格的丁姐嚴厲地批評了她，佳靜有些不服氣，一整天都板著臉不說話。吃午飯的時候，小潔把丁姐大罵了一頓，似乎早就看不慣那個「老女人」獨斷專橫的作風。話雖然有點過分，但還是讓佳靜心裡舒服了一些，她忍不住跟著罵了幾句。

這件事佳靜並沒有放在心頭，不久，她卻發現許多重要客戶都不再和自己聯絡了，最令人震驚的是，小潔的桌上竟然擺著這些客戶的詳細資料。佳靜憤怒地找到丁姐，沒想到丁姐冷淡地說：「自己的工作沒做好，就不要抱怨別人。

還有，有意見可以當面跟我談，不用背後議論。」一瞬間，佳靜明白了一切。但氣憤和後悔早已於事無補，幾天後，她便離開了這家公司。

佳靜的錯誤在於識人不清，沒有看到對方親切的表面下包藏的禍心，結果錯誤地將心存歹意的小人當作朋友，留下了可以為人利用的「把柄」，掉進了人家挖好的陷阱。

人生從某種角度看也是一場戰爭。在這種戰爭中，為了求生存，必須要有慎重的生活方式和態度，這樣才不至於上某些人的當，吃大虧。有一些人是你應該特別注意提防的：

一、**得了便宜還賣乖的**。這種人的特點是占了你的便宜以後，還說是你欠他的。

二、**無事生非的**。這種人的特點是說不膩別人的閒話，聽風就是雨，跟狗仔隊差不多。可以想像背過頭去，你馬上也會成為他的話題。

三、**當面一套，背後一套的**。這種人是最可怕的，他永遠不會對你表示出反感，也許某一天你的落魄卻正是拜他所賜。

四、言行不一致的。這種人的特點是說的到，做不到。與這種人交往不要抱有期望，他就算給了承諾，卻永遠也不會履行諾言。

五、嫉妒心特別強的。這種人是埋藏在你身邊的「定時炸彈」，起初還好，一旦你表現出了你的優秀和不凡，立刻便會點燃他心中的毒火。

荀子在論人性時說：「人之性惡，其善者偽也。」固然有些偏激，但現實生活中的確要在與人打交道時謹慎小心一些，對交往不深的人不妨多點戒心，考慮一些防患對策，為自己留些「逃生」的餘地，才不至於在事情發生之際追悔莫名。

職場經驗談

巴爾扎克曾說，沒弄清對方的底細，絕不能掏出你的心來。對交往不深的人不妨多點戒心，考慮一些防患對策，為自己留些「逃生」的餘地，才不至於在事情發生之際追悔莫名。

02

小人說得再好聽也有小人之心

與小人結交，你可能不得不面對一些潛在的風險。你也許不能看到那假裝親切的面具下奸詐、虛偽的真實面目，但當他暴露的時候，你的處境可能已經非常危險。

請檢視一下自己周圍的朋友、同事，看看有沒有喜歡到處傳話的人，如有，在他面前你說話千萬要小心；看看有沒有背後告密的人，如有，趕緊躲得遠遠的，沾上這種人，也就和是非沾上了邊。

這種長舌人之所以可怕，是因為他的長舌的時機是有選擇的，他告密的目的是謀取好處，甚至是從你的被傷害中謀取好處。

還有一種朋友，可能此時對你真誠相待，彼時卻突然翻臉不認人。至於何時真何時變，完全根據現實的利益需要。這種人就像變色龍一樣一輩子會以幾種面目示人，讓你琢磨不透，更無法防範。

一八九八年，以康有為、梁啟超為首的維新派，在中國掀起轟轟烈烈的維新變法運動。這場變法運動不久便演變成了以光緒帝為首的維新派，和與慈禧太后為首的頑固派之間的權力之爭。

在這場爭鬥中，光緒帝感到自己的處境非常危險，便寫信給維新派人士楊銳：「我的皇位可能保不住。你們要想辦法搭救。」維新派為此都很著急。

正在這時，榮祿手下的新建陸軍首領袁世凱來到北京。袁世凱在康有為、梁啟超宣傳維新變法的活動中，明確表態支持維新變法活動。所以康有為曾經向光緒帝推薦過袁世凱，說他是個瞭解洋務又主張變法的新派軍人，如果能把他拉攏過來，榮祿——慈禧太后的主要助手——的力量就小多了。光緒帝認為變法要成功，非有軍人的支持不可，於是在北京召見了袁世凱，封給他侍郎的官銜，旨在拉攏袁世凱，為自己效力。

當時康有為等人也認為，要使變法成功要解救皇帝，只有殺掉榮祿。而能夠完成此事的人只有袁世凱，所以譚嗣同後來又深夜密訪袁世凱。袁世凱當時慷慨陳詞，說殺榮祿就像殺條狗一樣。但事實上，他是個心計多端善於看風使舵的人，康有為和譚嗣同都沒有看透他，袁世凱早就搭上了慈禧太后這條線了。所以，他決定先穩住譚嗣同，再向榮祿告密。

不久，袁世凱便回天津，把譚嗣同夜訪的情況一字不漏地告訴榮祿。榮祿嚇得當天就到北京頤和園面見慈禧，報告光緒帝如何要搶先下手的事。第二天天剛亮，慈禧怒衝衝地進了皇宮，把光緒帝帶到瀛臺幽禁起來，接著下令廢除變法法令，又命令逮捕維新變法人士和官員。

變法經過一〇三天最後失敗。譚嗣同、林旭、劉光第、楊銳、康廣仁、楊深秀在北京菜市口被砍了腦袋。

小人不可交，他們總是當面一套，背後一套；過河拆橋，不擇手段。他們很懂得什麼時候搖尾巴，什麼時候擺架子；何時慈眉善目，何時如同兇神惡煞一般。他們在你春風得意時，即使不久前還是「狗眼看人低」，馬上便會趨炎附勢，笑容堆面；而當你遭受挫折，風光盡失後，則會避而遠之，滿臉不屑，甚至會落井下石。

就拿袁世凱來說，既然維新派主動找上門去，說明他在公眾面前有一幅維新的面孔。而實際上在維新可能成為主流的情況下，袁世凱也確實看到了維新的現實意義，於是馬上與維新派打得火熱，一副知己的樣子。但一旦他看到了新的機會，他才不管什麼朋友，自己的利益最重要。馬上臉色一變，揚起背後的屠刀。

在現實生活中，並不是所有的朋友都是『金』，並不是所有的朋友都靠得住。這就給我們提出了兩個值得重視的問題，一是在選擇交友對象時，一定要慎重，要識得廬山真面目。

首先，要交真朋友，防著點兒「小人」朋友；二是一旦我們交上了那些『弄虛作假』的冒牌朋友，絕不可藕斷絲連，當斷不斷。

小人籠絡朋友的手段多種多樣，常常能迷惑正人君子的眼睛，使人把他們當成推心置腹的好朋友，並在不知不覺中為其所利用。首先，小人對有利用價值的人投入是多種多樣，這種投入可能是時間投入，情感投入，美色投入，也可能是金錢投入，或者是幾種投入的綜合。小人先瞭解那些有利用價值的人的心理，調查他們希望得到什麼。接下來會想盡一切辦法，將這種東西提供給那些有利用價值的人，以博取對方的好感。

再者，善於抓住別人的把柄是小人的一大特長。小人之所以能夠在現實社會中興風作浪，這與他能控制一幫人有很大的關係。而對他們來說，抓住別人的把柄就是控制別人的一種手段。

很多小人慣會趨炎附勢，打著朋友的旗號謀取私利。這種友情，毫無真情可言，那些禮節客套，甜言蜜語全是一些虛情假意。更有甚者，明著一把火，暗中一把刀。這樣的友情，還是早早斷了為好。如果只是礙於面子不願斷交，那最終吃虧的還是你自己。

職場經驗談

因為有利可圖才與你結為朋友的人，也會因為有利可圖而與你絕交。不要相信小人的甜言蜜語，他們對你永遠也不可能有什麼真心，所以一旦發現小人，就趕快遠離他們，千萬別被這種「朋友」迷惑住。

03 在利益面前，每個人都是在裸泳

俗話說，「人心隔肚皮」，知人知面未必就能知心，而知心才是最重要的。一個人被陌生人捅了一刀那叫皮肉傷，而要是被最親密的朋友捅了一刀，就猶如萬箭穿心，那才叫傷心。

人是形形色色的，有剛直的人，有卑鄙的人，有勇悍的人，有懦弱的人，有豪俠的人，有小心眼的人，有木訥的人，有果斷的人，有清逸的人，有庸俗的人，有持重的人，有誠實的人，有狡詐的人……面對形形色色的人，你只有用「心」審視他，詳察他，明辨他，而後慎用他，才能在人際交往中始終立於

不敗之地。

假如，和我們交往的是位品德高尚、見義勇為、助人為樂的人，那麼，即使其外表其貌不揚我們也會與之和諧相處。但假如我們所見到的是一個虛偽而自私的人，儘管此人儀表堂堂，舉止文雅，我們也只會覺得他道貌岸然、虛偽狡猾。

由此可見，人的本質平時一般都隱藏著，看不見又摸不著。你必須看到他的正面，還要看到他的反面，才能瞭解他的心；必須看到他的外表，還要看到他的內心，才能看透他的本意。

唐玄宗時，有李適之和李林甫兩位宰相共同輔政，李適之為左相，李林甫為右相。當時，唐玄宗沉迷酒色，窮奢極欲，弄得國庫日漸空虛。滿朝文武都很著急，日夜思謀開源節流之計。最後，皇上也感覺到了財政危機，下詔要兩位宰相想辦法。

形勢所迫，二人都很著急。但李林甫最關心的卻是如何鬥倒政敵，獨攬大權。看著李適之像熱鍋上的螞蟻，李林甫生出一條毒計來。

散朝之後，二人閒扯，李林甫裝作無意中說出華山藏金的消息。他看到李適之眼睛一亮，知道目的達到了，便岔開話題說別的。

李適之性情疏率，果然中計，忙不迭回家，洗手磨墨寫起奏章來，陳述了一番開採華山金礦，以應國庫急用的主張。

唐玄宗一見奏章大喜，忙召李林甫來商議定奪。李林甫看了奏章，裝出欲言又止的樣子：「這個……」

玄宗急催：「有話快說！」

李林甫壓低了聲音裝作神祕地說：「華山有金誰不知？只是這華山是皇家龍脈所在，一旦開礦破了風水，國祚難測，那……」

「噢，」玄宗聽罷一激靈，「是這樣。」繼而點頭沉思。

那時，風水之說正盛行，認為風水龍脈可澤及子孫，保佑國運。今聽得李適之出了這樣的餿主意，玄宗心中當然不高興。李林甫見有機可乘，忙說：「聽人說，李適之常在背後議論皇上的生活末節，頗有微詞，說不定……這個開礦破風水的主意是他有意……」「別說了！」玄宗心煩意亂，拂袖到後宮去了。

李林甫見目的達到，心中暗喜，點著頭走了。

自此，玄宗見了李適之就覺得不順眼，最後找了個過錯，把他革職了。朝廷實權，便落在了李林甫手中。

李林甫是典型的「口蜜腹劍」之人，所以對這種人一定要多長心眼，提防著點。而且，李適之顯然知道他與李林甫之間的利害衝突，但他就是太輕忽才會輕信了李林甫的話，結果被革職了還不知所以然。

世上有很多人心口不一、表裡不同，要看出來真的很難，但若用「心眼」去看，就能看得清清楚楚。

職場經驗談

很多人在危難的時候才發現，背叛自己、出賣自己的往往是十分信賴的朋友，而曾被懷疑的人卻成了自己的救星，真是可笑又可悲。

04

慈善只是個幌子，冷箭才是眞

生活中，我們有時會將好人看成壞人，有時會將壞人看成好人。因為在我們的周圍，有些人看似和藹可親，內心卻隱藏著不可告人的企圖；表面對人極盡誇讚逢迎，暗地裡卻耍手段，要麼使人前進不得，要麼使人船翻人覆。當你直上青雲、春風得意的時候，那些逢迎拍馬者專撿好聽的話講；而當看到你墮入困境時，他們就幸災樂禍、趁火打劫。

戰國時期，楚王的妃子鄭袖長得美貌，又聰慧機敏，楚王十分寵愛。後來魏王又贈送楚王一位美女，既年輕漂亮又活潑熱情，把楚王給迷住了。

鄭袖眼見自己一天天失寵，心裡非常忌妒，但表面上卻裝得若無其事，不但沒有一點怨言，還百般討好這位新妃。新妃喜歡穿什麼衣服，希望用什麼東西，鄭袖都叫人給她送去；她住處的陳設要怎麼佈置，鄭袖也叫人侍候得順心如意，可以說，處處做到體貼入微、關懷備至。鄭袖在楚王面前還經常對新妃表示讚美。

這位新妃沒想到遇上這樣好心的一個大姐，從心眼裡對鄭袖表示感激，相互來往十分密切，彼此不分，無話不談。

楚懷王見鄭袖和這位新妃相處得這麼融洽，心裡非常高興，對鄭袖說：「妳們女人多半憑著自己的美貌和聰明贏得男人的喜歡，而且差不多都有強烈的忌妒心。我看妳就不是這樣，妳能理解我，妳知道我喜歡這位新人，就比孝子侍奉父母、忠臣侍奉君王還盡心盡力。」

鄭袖聽了楚王這番話，相信他絕不會懷疑自己對新妃有什麼壞心眼了，不由得為自己的作為感到高興。

一次，鄭袖和新妃閒談的時候，說：「大王經常在我面前誇獎妳，說妳能歌善舞，活潑熱情又溫柔體貼，只有一點，大王嫌妳的鼻子稍矮了點兒。」

新妃聽了，有些不安，摸了摸鼻子，問鄭袖說：「您看這有什麼辦法嗎？」

鄭袖就等她問這句話，可還是裝著若無其事的樣子說：「這有什麼大不了的？妳以後見到大王時，用手帕把鼻尖輕輕遮一下不就好了嗎？」

新妃以為鄭袖給她出了個好主意，之後只要見到楚王來就把鼻子遮起來。

楚王一開始沒注意，後來看她每次都這樣就感到很奇怪，又不好直接問，於是問鄭袖：「新妃近來每次見到我時，為什麼總把鼻子遮起來？」

鄭袖勉強回答：「我聽她說過，好像……」她故意看了看楚王，吞吞吐吐，欲言又止。

楚王覺察到這裡有什麼隱情，就追問說：「妳說吧。妳和我當了這麼多年夫妻，還有什麼不好說的。即使有什麼事，我也不怪罪妳。」

鄭袖故意裝出膽怯的樣子低聲說：「她說過，不願聞到你身上的一種噁心味！」

楚王一聽火冒三丈，怒氣衝衝地說：「什麼？我是一國之君，竟敢說我身上有噁心味！豈有此理。傳我的話，立即把那個小賤人的鼻子給我割下來！」

就這樣，鄭袖把新妃的面容給毀掉了。情敵沒了，鄭袖又得到了楚王的獨寵。歷史上這種小人排除異己、陷害別人的例子舉不勝舉，而現實生活中同樣不乏這樣的小人。他們總會假裝友善，卻暗施冷箭，為害作惡。

在利益面前，各種人的靈魂都會赤裸裸地暴露出來。比如，在一起工作的同事，平日裡大家說笑逗鬧，關係融洽。可是到了晉級時，名額有限，「僧多粥少」，有的人就把真面目露出來了。他們不認什麼同事、朋友，在會上擺自己之長，揭別人之短，在背後造謠中傷，四處活動，千方百計把別人拉下去，自己擠上來。所以，不要被某些人的表面言行所迷惑，要用慧眼洞察人心，這樣才可避免被冷箭所傷。

職場經驗談

為人要善良，但不能沒有心機，否則行錯善的話，自己財物遭損失，精神受打擊不說，還助長了對方的氣焰，甚至有可能間接傷害無辜的人。

05 和不安分的人在一起會引火焚身

活躍有時是為了調節氣氛，但太不安分的人常常會將一些年輕無知的人拉下水。愛德里茲是美國一家公司的員工。他平時愛說愛笑，性格外向。但是，在他笑臉下卻是一顆不安分的心。他還是個不學無術、靠混時間混工資的人。他甚至不願看到別人比自己強，收入超過自己。

過了一陣子，來了一位年輕的同事伍德爾。他認真勤苦，大事小事都搶著做。伍德爾的到來，使愛德里茲覺得多少對自己有點威脅，他決心要改變一下伍德爾。於是，有事沒事他總往伍德爾面前轉，和伍德爾閒話家常，開開玩笑，贏得了伍德爾的好感。

在往後的日子裡，他利用伍德爾年輕好動的心理，經常帶伍德爾去娛樂場所打打撞球、玩玩橋牌什麼的，向他灌輸「人生在世，當及時行樂」的思想。漸漸地，伍德爾的進取之心不再像剛加入工作時那麼強烈了，整天上班也是東竄竄、西逛逛，無所事事，一副玩世不恭的樣子。

比伍德爾早進公司不到一個月的加利特則是另外一種情形。加利特是位從基層單位調來的幹部，他的話不多，每天上班除和其他人打打招呼外，再沒有多餘的話。辦公期間也只顧埋頭做自己的事，除工作上的事需要詢問或回答外，沒有一句閒話；而且，加利特雖然年齡不大，但心理比較成熟，臉上極少有笑容。用「沉穩持重，不苟言笑」來概括再恰當不過。

愛德里茲也曾試圖接近加利特，但經過一段時間的觀察，最終還是沒有付諸行動。大概他自己心裡也明白，接近加利特恐怕只有碰軟釘子的份，根本不可能達到自己的目的。他們三個人在公司工作的結果可以想像，最終加利特由於工作踏實，很快晉升上去，而伍德爾和愛德里茲卻不得志，愛德里茲最終還被辭退了。

在工作中，要穩固自己的職位，就要踏實工作，別讓人挑出毛病。勤奮踏實地工作是基礎。只有先穩固自己的職位，才能為以後的發展創造條件。晉升固然不容易，要立於不敗之地也難，這就需要掌握一定的方法和技巧，知道什麼該做，什麼不該做；什麼該說，什麼不該說。像年輕無知的伍德爾一樣的人不在少數，輕易相信別人對自己的好意，被不安分的同事拉下水，自己後悔都來不及。所以平日我們要穩重，穩重大致有兩個方面的意思，一是舉止端正，不輕浮；二是語言嚴謹，不輕佻。具有了穩健的舉止，嚴謹的話語，一些心懷叵測的人就會畏你三分，不敢隨便靠攏你、接近你，進而不至於把你拉下水。

職場經驗談

要想在職場上獲得持續發展，就要知道什麼該做，什麼不該做；什麼該說，什麼不該說。輕易相信別人對自己的好意，被不安分的同事拉下水，自己後悔都來不及。

06 特別能忍讓的人很危險

能夠忍耐常人所不能忍之事的人，將來一定會圖機報復，不可不小心防範。

一八〇五年奧斯特利茨戰役和一八〇七年弗里德蘭戰役中，俄軍被法軍打得大敗，實力大大減弱，剛登基的亞歷山大一世為重整旗鼓，與拿破崙展開了新的較量，與以往不同的是，這次他使用了新的「壯舉」，卑躬屈膝地討好對方，處處表現出退讓的姿態，以屈求伸。

一八〇八年，拿破崙決定邀請亞歷山大在埃爾特宮舉行會晤。這次會晤，是拿破崙為了避免兩線同時作戰，用法、俄兩國的偉大友誼來威懾奧地利。亞歷山大認為目前俄國的力量不足對抗拿破崙，還必須佯裝同意拿破崙的建議，並向他「獻媚取寵」，爭取準備的時間，妥善做好準備，時機一到，就從容不迫地促成拿破崙垮臺。

有一次看戲，當女演員念出伏爾泰《奧狄浦斯》劇中的一句臺詞，「和大人物結交，真是上帝恩賜的幸福」時，亞歷山大一臉真誠地說：「我在此，每天都深深感到這一點。」這使拿破崙非常滿意。

又一次，亞歷山大有意去解腰間的佩劍，發現自己忘了佩戴，而拿破崙就把自己剛剛解下的寶劍賜贈給亞歷山大，亞歷山大裝作很感動的樣子，熱淚盈眶地說：「我把它視做您的友好表示予以接受，陛下可以相信，我將永不舉劍反對您。」拿破崙對他也徹底消除了戒備。

一八一二年，俄法之間的利益衝突已經十分尖銳，這時亞歷山大認為俄國已做好準備，於是藉故挑起戰爭，並且打敗了拿破崙。亞歷山大總結經驗教訓時說：「拿破崙認為我不過是個傻瓜，可是誰笑到最後，誰就笑得最好。」亞歷山大偽裝自己，使拿破崙放鬆了警惕，又暗中壯大自己的勢力，最終打敗了對方。拿破崙被亞歷山大「忍讓」迷惑了，終於失掉了自己的帝國。

「忍耐」可以讓權力轉換在瞬間完成，那些看似波瀾不驚的退讓會使你在幾個回合之後，失掉自己的優勢。

在中世紀的歐洲，國王的權力來自教皇，君權神授，神權高於君權。一〇七六年兵荒馬亂時，德意志帝國皇帝亨利與羅馬教皇格里高利爭權奪利，鬥爭日益激烈，最後發展到了勢不兩立的地步。

亨利首先發難，召集德國境內各教區的主教們開了一個宗教會議，宣佈廢除格里高利的教皇職位。格里高利則針鋒相對，在羅馬拉特蘭諾宮召開全基督教會的會議，宣佈驅逐亨利出教，不僅要德國人反對亨利，也要在其他國家掀起反亨利浪潮。

一時間，德國內外反亨利力量聲勢震天，特別是德國境內大大小小的封建主都興兵造反，向亨利的王位發起挑戰。亨利面對危局，被迫妥協。一〇七七年一月，他身穿破衣，騎著毛驢，冒著嚴寒，翻山越嶺，千里迢迢前往羅馬，向教皇懺悔請罪。格里高利不予理睬，在亨利到達之前躲到了遠離羅馬的卡諾莎行宮。

亨利沒有辦法，只好又前往卡諾莎拜見教皇。教皇緊閉城堡大門，不讓亨利進來。為了保住自己的皇帝寶座，亨利忍辱跪在城堡門前求饒。當時大雪紛飛，地凍天寒，身為帝王之尊的亨利屈膝脫帽，整整在雪地上跪了三天三夜，教皇才開門相迎，寬恕了他。

亨利恢復了教徒身分，保住了帝位。當他返回德國後，集中精力整治內部，將曾一度危及他王位的內部反抗勢力逐一消滅。在陣腳穩固之後，他立即發兵進攻羅馬，以求報跪求之仇。在亨利的強兵面前，格里高利棄城逃跑，客死異鄉。

這裡我們看出亨利「含辱負屈的卡諾莎之行」是別有用心的。在他與教皇對峙、國內外反對聲一片，特別是內部群雄並起、王位岌岌可危的情況下，他利用苦肉計取得和解，贏得喘息時間，然後重整旗鼓再和教皇較量。教皇沒有看到他的險惡用心，最後客死他鄉。

在很多時刻，忍讓並非是出自真心，而是在暗中積蓄力量，如果你沒有看到它背後的企圖，到時吃虧的一定是你。

職場經驗談

一時的「胯下之辱」或者表面的「負荊請罪」都會讓我們以為對方有真心誠意，實際上，會咬人的狗是不叫的，大多能忍奇辱之人，日後必有過人之處。這是我們最應該防範的。

07 提防用相同經歷來套近乎的人

相同的人生經歷不能證明一個人的品格，相反的，我們倒要提防那些用相同經歷來與我們套交情的人。

劉先生曾參加過對越自衛反擊戰，退伍後到一家外貿公司工作，憑著自己的勤奮好學，沒過幾年便成為業務骨幹。後來，他辭職創辦了一家公司，憑著自己的經驗和戰場上那種奮勇拼搏的精神，他在商場上證明了自己的價值，擁有幾百萬的固定資產。

一次，劉先生的一個老客戶（也是一家公司）要做融資租賃，請求劉先生提供擔保。劉先生做事嚴謹，對生意上的事一向以穩重著稱，儘管是老客戶，他也按照慣例審查該客戶與租賃公司的合約，以及該客戶的營運狀況，審查後覺得並沒有什麼把握，正準備婉言回絕。

一天，該客戶又派了公司的一名業務主管人員前來商討此事。

初次見面，兩個人互相介紹，劉先生得知該人姓胡，胡某忽然說：「我覺得你的名字很耳熟，你是不是××部隊的？」劉先生道出了自己曾在某部隊當兵，並參加過自衛反擊戰，胡高興地叫起來：「哎呀，你是一班的，我是二班的，我說怎麼就覺得眼熟呢！」

話題一發不可收拾，兩人似乎又回到了那炮聲隆隆、硝煙瀰漫的戰場，劉先生也回憶起胡某曾是一次戰役中的突擊隊員，作戰勇敢，還負過傷。兩人越談越投機，儼然又恢復了當戰士時的豪爽，於是劉先生請客，兩人邊吃邊聊。

漸漸談起擔保的事，胡某向劉先生解釋了一些他認為有疑問的地方，並保證該公司的信譽絕對沒問題，資金只是暫時周轉不過來，絕對不會連累對方的。

劉先生正處在興奮之中，對胡某的話深信不疑，也未作進一步核查，就在擔保合約上簽了字。其實，胡某所在公司已經資不抵債，簽訂這個合約，就是為了騙劉先生公司的錢。而胡某所在公司財產已所剩無幾，根本無法追償。劉先生悔恨不已，一個「戰友」毀了他十幾年的苦心經營。

戰友本是偉大而崇高的字眼，尤其是經過戰火洗禮的戰友之情非同一般，應該是始終不渝、終身難忘，是仁義道德的最高表現。胡某這種人何能論友情？

人們不難總結出：即使真正一同經歷過某些事情的人，也未必都是值得信賴的。如果你以為原來的朋友就永遠是朋友，很可能是錯誤的。只有兩人沒有利益衝突的時候，那時才能成為朋友。沒有利益可取的時候，很少有人會真正犧牲自己去為你兩肋插刀的。所以才會在特定環境、特定時間保有某種比較純潔的關係。可是一旦特定的環境和條件消失，友誼的純潔就只能永遠封存在心中了。

渴望友情，渴望理解與支持，是人的天性。也正是因為大千世界的誘惑太多，人們自己大多很難不為金錢、地位所動，所以才更渴望或者說希望別人也能不為所動。正因為純真的友情幾乎成了奢侈品，所以人們更希望能得到它，甚至有意自己美化某種關係，並昇華為友誼，進而輕易地相信它。最典型的是同學關係、戰友關係等。

無論你新接觸哪一種群體之中，都要「多聽、多看、少說」為佳，因為初來乍到你並不明白這個群體的利益分配情況，容易成為某個利益集團拉攏或排斥的對象，糊里糊塗地當了別人利用的工具。所以，與人接觸時要小心，即使對方強調與你有過相似的背景，也不能大意。

職場經驗談

用相同或相似的經歷來與你套交情的人，也許正對你圖謀不軌。即使真正一同經歷過某些事情的人，也未必都是值得信賴的。

08 工作中很少有眞正的好心人

喬治和鮑爾同在愛德爾大酒店餐飲部掌廚。鮑爾在公司人緣極好，他不僅手藝高超，且總是笑臉迎人，待人和氣，從來不為小事發脾氣，和同事和諧相處，樂於幫助別人。同事對他的評價很高。都稱他為「好心的鮑爾」。

一天晚上，喬治有事找經理。到了經理室門口時，聽到裡面正在說話，並且依稀有鮑爾的聲音。他仔細一聽，原來是鮑爾正在向經理說同事的不是，平日裡很多小事都被鮑爾添油加醋地說，像湯姆把餐廳的功能表拿給他做餐館生意的叔叔，還有瑪麗平時工作不認真，經常在工作時間打電話給朋友，並且還說喬治的壞話，借機抬高鮑爾自己。喬治不由心生一陣厭惡。

從此以後，喬治對於鮑爾的一舉一動，每一個表情，每一句話都充滿了厭惡和排斥感，無論他表演得多好，說任何好聽的話，喬治都對他存有戒心。同事從喬治那裡看出些什麼，從此對鮑爾也敬而遠之了。

所以，故事給我們的啟示是：辦公室裡的人際關係錯綜複雜，沒有一雙「慧眼」是不可能很好生存的。在強敵如林的競爭者當中，不乏冷若冰霜的自私者、趾高氣揚的傲慢者，但更可怕的是笑裡藏刀的「好心人」。

這些好心人往往有著不錯的人緣，很好的口碑，能夠在各種大事小情裡發現他們的身影，他們往往口蜜腹劍，戴著友善的面具，贏得上司的信賴和同事的敬重，卻在背後幹著損人利己的勾當。他的可怕之處在於讓你找不出誰是使你蒙受不白之冤的幕後黑手，誰讓你置身於不仁不義的兩難境地，分不清誰是敵、誰是友。因此，只有擦亮雙眼，提高警惕，仔細觀察，謹慎處世，那麼無論多麼狡猾的「好心人」，終有一天會露出尾巴，現出原形的。

在工作中，有一種人整天面帶笑容，見人十分客氣，表現得特別友好。暗地裡，卻使出手段造你的謠，拆你的臺。這種戴著面具的「好心人」，往往容易讓你吃了虧還不知道是怎麼回事，因為許多人壓根兒就不知道這一巴掌正是他打來的。所以，此類人看來異常謙卑恭敬，禮貌周到，且熱情友善絕不難於相處。新職員往往有如沐春風之感，可是背後他做的事你就一無所知，即使開懷暢飲後他們也難有半點口風露出。

這種人通常會在任何時間、場合、處境，面對任何人物，都會笑面迎人，親熱非常，原因是笑對他來說是一種工具，一種與人溝通的媒介，故眼神往往能與說話相配合，以達到其個人不可告人的目的。

對這種戴著面具的「好心人」，一定要特別當心。這類「好心人」的特點是，上下班總是主動和你打招呼，表現出過分的熱情，甚至對你稱兄道弟。為了博取你的歡心，往往他還會順著你的話滔滔不絕地說下去。

另外，這種人如果和同事發生了利害衝突，他真的會不顧一切地去爭取他那一份微小的利益。這時候，他的偽善面具自然就會脫落，露出真實的面目。

在日常工作中，我們與人相處不能只注意表象，也不能僅從某事來判斷一個人。很多偽善和假象常欺騙我們的眼睛，我們只有仔細觀察，多方求證，時間長了才能看清一個人的真面目。在此之前，待人接物一定要加倍小心，謹防職場上的「好心人」。你要小心提防，千萬不能把他們當成知己好友，把自己的心事輕易地告之。否則，不但會惹來對方的輕視，還會成為別人的笑柄。

但你也不能得罪他，如果引起他的反感，他對你的評價就會影響周圍人對你的印象，那你等於自討苦吃了。當然，只要留心觀察，同事中的這類人還是不難辨認的。

職場經驗談

我們對於戴著面具的「好心人」的認識，的確需要一個過程。要在觀察、瞭解中分析，才能揭開他的虛假面具，進而在心理增設一道防線，防止他對自己造成傷害。

09

再公平的競爭，也可能被別人利用

競爭，有時就是披著美麗幌子的醜惡怪物，我們往往在情感與理智之中迷惘，在你死我亡的較量中使一些人際關係變得不堪收拾。於是，競爭使社會關係的天平多了一個砝碼。這個砝碼將構成怎樣的傾斜，你一定要做到心中有數。

小張和小李是好朋友，也是相處多年不錯的同事。他們公司的新上任的經理制定了一個獎勵措施，誰創造的效益最多就給誰一個特別獎，金額頗為可觀。

小張非常希望獲得這筆錢，因為他的孩子上大學急需要一筆錢；小李也對這筆錢也看得很重，因為他老婆整天向他嘀咕誰的老公又買了輛新車，誰的老公又升了一個職位……小李極其希望借著新經理的改革舉措，能為自己在老婆面前揚眉吐氣。小張瘋狂地跑業務，絞盡腦汁地聯繫，有時也將自己的情況訴說給小李聽。小張不相信同事之間會失去真誠和友誼，他認為幾年來他們倆已相處得很好。

忽然間，小張發現自己的一些客戶都支支吾吾、躲躲閃閃，言而無信了。他不明白為什麼。後來有人告訴他，他的客戶聽說他是品行惡劣的人，喜歡擅自將商品摻假，自己從中獲取非法利益……總之，關於他的謠傳很多。年底的時候，小李最終獲得了特別獎。小張從小李的業績單上頓悟過來了。他的嘴裡不斷地喃喃自語：怎麼會這樣？怎麼會這樣？

小張的失誤在於他沒有認清這種對立矛盾的嚴峻現狀，反而盲目信任同事。在沒有競爭的日子，也許大家能做到彼此相悅，其樂融融，一旦進入角鬥場，角色就變成了有「對立矛盾」的人。

在競爭中，除非一方自願放棄，否則必然有刀光劍影的閃爍、明槍暗箭的中傷，令人防不勝防、難以迴避。當你棋逢對手時，你的情感、理智、道德、功利都遭遇最大的考驗；當你想獲得成功的時候，是否不遵守道德準則；當你坦誠地面對競爭者，對方是否正在利用你的善良和誠意進行攻擊……

兵不厭詐，早已成為制勝的「公理」了，殘酷競爭中的虛偽也就變得「在所難免」了。

據說，希特勒在一九三五年成為「德國領袖與總理」之後，變得獨裁、專橫，與布隆貝格元帥產生了深刻的矛盾。當時，擔任戰爭部長兼武裝力量總司令的布隆貝格是一位敢於向希特勒提出不同意見的人。

一九三六年三月，正當希特勒命令國防軍進駐萊茵非軍事區的時候，布隆貝格提出了自己的意見，他認為法國可能會因此向德國開戰，建議希特勒立即停止在萊茵地區的行動，並將開入的部隊撤回原駐地。

一九三七年，當希特勒宣佈了自己要侵佔奧地利與捷克斯洛伐克的計劃後，布隆貝格又提出了反對意見，認為這樣做會引起英法的干涉。希特勒對布隆貝格的反對意見極為震怒，雖然他強壓怒火，平息爭論，但已下定決心，要除掉這個討厭的部長。

希特勒的親信戈林當時是布隆貝格的下屬，他表面上極力討好這位武裝力量總司令，暗中卻與希特勒積極配合，準備讓布隆貝格自己走入陷阱。布隆貝格當時已經五十五歲，但一直過著單身生活，從未結婚。戈林得知他與一位出身低下的女士關係比較密切，來往較多，就極力促成他們的婚姻。

布隆貝格也清楚地知道，當時第三帝國對高級軍官的擇偶有嚴格的規定，出身低下的人不宜做軍官的配偶。但戈林巧舌如簧，規勸布隆貝格元帥在婚姻問題上不應受任何規定的限制。在戈林反復勸說下，布隆貝格決定結婚。

一九三八年一月十二日，布隆貝格舉行了婚禮，希特勒和戈林都是證婚人，但結婚幾天之後，戈林就開始在軍官中散佈說，布隆貝格太太的出身太低賤，做一名軍官和戰爭部長的配偶很不合適。

消息傳開，一時間弄得滿城風雨。這時希特勒開始向布隆貝格施加壓力，他說既然選擇了這種配偶便不足以為部下的表率，希望他能妥善處理這件事。

布隆貝格別無選擇，只有辭職一條路可走。希特勒僅僅略施小計，再加上戈林諂媚行事，便除掉了一名敢於與自己意見相左的高級軍官。希特勒、戈林這兩個證婚人，背後捅刀當面樂，足見他們的虛偽性。

職場經驗談

「三十年河東，三十年河西」，人世變幻無窮，競爭中的虛偽不僅存在於同事之間，有時也存在於上下級關係之間。所以，要謹記，再公平的競爭也要留個心眼，以免被別人陷害與利用。

10 每個辦公室裡都有笑面虎

眾所周知，一般情況下，我們有一些自己不能辦的事才會主動請求別人幫忙。但有的時候卻恰恰相反，即使你根本就不需要幫忙，一些人仍會無緣無故地獻上「熱情」，主動向你伸出援助之手。

遇到這種「好事」，你可能會非常高興，心想「有人對自己好還不好嗎？」殊不知，這種「好」的背後，往往隱藏著讓你無法估量的「壞」。想一想，無緣無故，有誰願意做「賠錢的買賣」呢？人們常說這樣一個詞——無利不起早，事實往往亦是如此。

一個傍晚，王大媽正在散步，街上燈火輝煌，王大媽一邊欣賞夜景一邊往前走。正當大媽興致勃勃的時候，一個年輕人突然從旁邊走過來，熱心地攙扶著她邊走邊說：「大媽，瞧您這麼大年紀，還是走人行道安全，小心車把您給撞了。」

面對如此熱心的年輕人，王大媽心中一陣感激，連聲說：「謝謝！」很快，年輕人就消失了。這時，王大媽忽然覺得有點蹊蹺，她心想自己身子還算硬朗，而且走的路並不是危險地帶，這個年輕人卻主動將她扶上人行道，心會這麼好？她下意識地摸摸口袋，才發現錢包「不翼而飛」了，王大媽這時才恍然大悟，剛才那位「熱心人」已經在扶她的過程中，將她口袋裡的錢包掏走了。

不難看出，王大媽就是因為沒有防備這個年輕人，才使自己的錢包被偷。相比起王大媽的這次遭遇，李小姐的遭遇就更值得警惕了。還有曾在社會上盛行一時的金融卡行騙，也是同樣的道理。

某日，李小姐在自動提款機前領錢，有一男子緊跟其後。李小姐由於對金融卡的使用不是很熟練，連著輸入了兩次密碼都沒能取得現金。那位男子裝作非常「熱心」，就走上前把李小姐的卡退出來，拿到旁邊的自動提款機上試了半天，也沒有領出錢來，便說可能是自動提款機壞了，轉身將金融卡還給了李小姐。李小姐第二天再到銀行查詢時，帳上的五萬元早已沒有了。

其實故事中的那個騙子，所用手法非常簡單。他早就等在自動提款機附近，看到有人用自動提款機取錢時操作不熟練，就走上前去假意幫忙，就在他拿過取款人的金融卡時，便以熟練的手法偷梁換柱，用自己手中一張沒有錢的空卡插入取款機。

在取款人輸入密碼時，由於已經換卡，當然密碼不符，取款人不得不再輸入一次密碼，此時騙子已經把密碼看在眼裡，他們悄悄把密碼記下來，然後幫取款人取出金融卡，還「好心」地提醒取款人，可能密碼記錯了，今天不要再領錢了，免得卡被機器「吃」了。取款人離去後，騙子便馬上把取款人卡上現金全部領走，而後再用這張空卡去騙下一個受害人。

在這個複雜的社會，當你面臨困難，別人主動伸出熱情之手時，你或許會因為一時的感激涕零而失去防範之心。這樣，一些別有用心的人就會乘虛而入，在假意給你提供幫助時悄悄傷害你，例如順手竊取你的財物。因此，當遇到這種「熱心人」時，一定要加倍小心。

職場經驗談

我們在接受別人的熱情幫助時，切不可掉以輕心讓他人有機可乘。該信任的時候還是要信任，同時也要做好防範的準備，以避免出現問題時悔之晚矣。

11 越是小人越懂得潛伏自己

現實生活中，有些人表面上看起來和藹可親，對你關心備至，照顧周到，關係好的很，可是背地裡卻使壞，打小報告，栽贓陷害，挑撥關係……他們，就是「潛伏」在我們周圍的小人！下面，我們一起來看一個典型的例子：

柏均在某私人企業工作了整整四年，按理說那麼長一段時間，是應該有進一步發展的，但是他恰恰碰到了職場中的奸詐小人，以致被迫「決定」離開公司。

由於在大學裡學的專業和工作中用到的不一樣，柏均剛進公司什麼都是從頭學的，但他兢兢業業，每一個項目都能精益求精。可能是他表現得太突出了，他的頂頭上司感覺很有壓力，於是經常在經理面前說他的不好。結果，第三年續簽合約的時候，公司只幫柏均加薪一千五百元，而其他人都加了三千左右。

柏均依然不知道自己錯在哪裡，以為是自己努力的還不夠，所以在接下來的日子裡，他更加努力了。當上司和同事都休假的時候，他一個人到公司加班，每次遇到經理，都會簡單地彙報一下自己手頭的專案進展。孰料，這讓頂頭上司看他更不順眼，有案子都不給他做了，只是讓他跟在別人後面，幫著做做圖表等簡單的輔助……

後來，公司制度變了很多，頂頭上司的權利越來越大，並且開始提拔新人，有專案全給新人做，根本不讓柏均插手。有的新人也很精，天天和頂頭上司一起吃午飯，拍馬屁。還有一個新人，剛來的時候和柏均關係還不錯，經常要柏均教他東西，可是把東西學到手之後就開始不理柏均了，天天跟著上司轉。

最後，第五年續簽合約的時候，正如柏均自己所料，上司沒有給他加薪一分錢，再加上考慮到自己在這個公司天天沒事做，只是幫別人做點雜活，反正項目是輪不到自己，而且大家看到他失勢，也沒人理他了，所以最終決定離開公司。柏均自己總結道：過到今天這種地步的原因，就是自己太單純，沒有心計，不懂得防人。

柏均的錯誤在於識人不清，以為拼命表現自己就可以得到上司的欣賞，殊不知這樣反而讓對方感到壓力，便開始在經理面前說他的壞話，並在權力範圍內給他打擊。同時，他也沒有看到那位新同事親切表面下包藏的禍心，結果錯誤地將心存歹意的小人當做朋友，教會了「徒弟」，餓死了「師傅」。

其實，像柏均遇到的這些小人，在現實生活中多的是。那麼，我們如何識別他們，分出哪些人是小人，哪些不是呢？一般來說，小人多具有以下特點：

一、喜歡踩著別人的鮮血前進。也就是利用你為其開路，而你的犧牲他們是不在乎的。

二、喜歡找替死鬼。明明自己有錯卻死不承認，硬要找個人來背罪。

三、喜歡造謠生事。他們的造謠生事都另有目的，並不是以造謠生事為樂。

四、喜歡挑撥離間。為了某種目的，他們可以用離間法挑撥你和別人的感情，製造你們的不合，好從中取利。

五、喜歡陽奉陰違。這種行為代表他們這種人的行事風格，因此對你也可能表裡不一。

六、喜歡「牆頭草，隨風倒」。誰得勢就依附誰，誰失勢就拋棄誰。

七、喜歡落井下石。只要有人跌跤，他們會追上來再補一腳。

八、喜歡拍馬奉承。這種人雖不一定是小人，但很容易因為受上司寵愛，而在上司面前說別人的壞話。

小人最擅長「潛伏」，他們使用阿諛奉承等手段，讓你誤以為是「朋友」，但一旦取得你的信任或仰仗，就會很快地使自己的羽毛豐滿，到那時他們真實的嘴臉就會暴露出來，說不定會對有知遇之恩的你反咬上一口。

職場經驗談

我們要睜大自己的慧眼，留意自己身邊一味順著自己意志說好話的人，切不可因為他說的都是自己愛聽的話就重視他、依賴他，那樣做無異於養虎為患。

Part

2

「八卦會讓你失去工作」

01 談論隱私就是在引爆無聲炸彈

瞭解別人的隱私是一件危險的事，更別提去談論和傳播了。

提起「精工」手錶，可以說無人不知、無人不曉。本田精工差不多獨佔了日本手錶零配件的供應市場，但是「本田精工」的總經理本田秀即使在接受採訪時，仍是小心翼翼，劈頭就說：「千萬別這麼說，做我們這一行，嘴巴守緊一點比什麼都重要。」

第二次世界大戰後，日本手錶受到大規模經濟不景氣的震盪，其中以下游手工業者集中地的長野縣一帶，遭受的直接衝擊最大。然而現在諏訪一帶的企業，卻出乎意料的穩固，有人說這與諏訪人的守口成性有關。

諏訪一地素有「東洋瑞士」之稱，他們從不輕易透露口風的習性，可以說就是這種氣質所調教出來的。當地技術最進步、收益也最豐碩的「本田精工」，就是最具備這種諏訪氣質的企業團體。「不輕露口風」在商場上是極為重要的，同樣的，在職場裡，「嘴巴緊」也是你為人能否讓人信任的前提。

小瑜是個開朗活潑的女孩，喜歡說也愛笑，剛來辦公室的時候，老同事都喜歡跟她打交道，她有什麼困難大家都願意幫她。因為她喜歡與人分享，對一些辦公室裡的新鮮事，如公司即將爭取到一位重要的客戶、老闆暗地裡發了獎金給誰……知道後，她都喜歡拿出來向別人炫耀。

不久後，同事們紛紛開始疏遠她，對她也不像以前那麼熱心了。小瑜很聰明，她知道是自己嘴巴不緊，有什麼事情都說出來的緣故。有些時候因為牽扯到其他同事的隱私了，結果造成了同事們對自己不信任。更嚴重的情況是涉及到了公司機密，現在連老闆都對她多了一個心眼。

如此看來，小瑜的職場路將走得很艱難。因為所有人都把她列入「黑名單」，有什麼重要資訊就不會與她分享了。職場上像小瑜這樣的人還不少，他們都對「隱私」有著強烈的好奇心，但又難守口風。殊不知，這些隱私可能關係對方的「要害」，如果對方知道傳播者是誰，必然會平添怨恨，說不定以後就會給你找麻煩。

這樣的事情越多，你在辦公室內的情況就會越尷尬和難堪。所以，在職場處事、談話時不要追根問底、探聽別人的隱祕。然而職場中，難免會碰到愛搬弄是非之人，這個時候你可以採用以下的策略：

一、冷淡回應

有些人搬弄是非的惡習已成為其性格特點，當他們跟你散播一些「花邊新聞」時，你可以嗯嗯啊啊，不置可否。不要認為那些把是非告訴你的人是信任你的表現，他們很可能是希望從中得到更多的聊天話題，從你的反應中再編造故事。所以，聰明的人不會與這種人推心置腹。而讓他們遠離你的辦法，就是對任何有關傳聞反應冷淡、置之不理，不做回答。

二、壓下真實情緒

有時候，儘管你聽到關於自己的是非後感到憤慨，但表面上你必須努力控制自己的情緒，保持頭腦冷靜、清醒。你可以這樣回答：「啊，是嗎？人家有表示不滿、發表意見的權利嘛。」或者說：「謝謝你告訴我這個消息，請放心，我不會在意的。」如此，對方就沒有加油添醋的機會，就不會再來糾纏不休了。

「嘴巴緊」往往是在公司建立自己信用，被同事接納和認可的前提。如果上司和同事一旦把你當作「口風不緊」的人，那也就說明你的信譽已經蕩然無存。

職場經驗談

少說隱私，不管是你的還是別人的。不妨把它們都當成「無聲炸彈」，小心謹慎，千萬別引爆。如果你不能將隱私看成是潛在炸彈，那麼你就可能掉入危險的境地。

02

「嘴緊」是獲得信任的前提

言語謹慎對一個人立身、處世具有很重要的意義。禍從口出就是說，禍患常因為言語不慎而招致。處世戒多言，多言必失。我們常說：「言多必失。」意思是說：如果一個人總是滔滔不絕地講話，說多了，話裡自然也會暴露出許多問題。特別是人多的場合，一旦不小心失言，你的話就可能中傷或傷害到某個人，這自然會讓你招惹禍端。

在事業成功的過程中，一言一行都關係著個人的成就榮辱，所以言行不可不慎。不論什麼時候，在公共場合說話時都要注意說話的分寸。沒有考慮周到的話，最好少說。

海濤被推薦到一間公司擔任部門經理。在過去的工作崗位，海濤的工作得心應手，無論是業績還是人際關係都非常理想。但剛來到一個新的環境，他覺得有些不適應，上任幾個月了始終無法擺脫過去公司的「痕跡」，忍不住會拿過去公司的種種好處跟現在的公司做比較，尤其在公司會議上，他每次總是不停地談到過去公司的狀況，「我們過去如何如何……」幾乎成了他的口頭禪。

久而久之，他發現許多同事對他開始敬而遠之，他用了些心思也無法改善自己被「冷藏」的狀況，直到一個偶然的機會，他聽到幾個女同事在背後議論，「那個人真虛偽，既然過去的公司那麼好，幹嘛跳槽過來？」他這才醒悟並開始注意自己的言談舉止，可惜他已經給大多數的人留下了壞印象，想在短時間內讓大家接受他又談何容易。

海濤在跳槽後，還殘留著對過去工作環境的「留戀」，尤其當遇到一些不太如意的事情，就「觸景生情」。這本來無可厚非，但他錯誤地讓這種負面情緒從自己的言談中流露出來，一味的回顧過去，不免令人生厭。跳槽從某種意義上可以說是對過去企業的一種「背叛」，既然已經「移情別戀」，又何必藕斷絲連，舊情難忘呢？過去不必留戀，今天才更重要。海濤沒有注意這一點，結果給大家留下一個虛偽的印象。

在生活中，總是少不了海濤這樣的人，他們不加思考，滔滔不絕地講話，很少考慮別人的感受和自己將面臨的後果。有的人性情直爽，動不動就向別人傾吐苦水。雖然這樣的交談富有人情味，但他們沒有想到並不是所有的人都能夠嚴守祕密。直到這些不可與人言的隱私成為人家手中的把柄時，他們才幡然醒悟卻也追悔莫及。

有的人喜歡爭論，一定要勝過別人才肯甘休。結果當時確實在口頭上勝過了對方，但卻深深損害了對方的「尊嚴」。對方可能從此記恨在心，後果不堪設想。有的人喜歡當眾炫耀，陶醉在別人羨慕的眼光裡。卻不知在得意忘形中，某些人的眼睛已經發紅。那些心理不平衡的人，表面上可能一臉羨慕，但背後卻開始做小動作……

為了避免多說話招致禍患，就要注意以下幾點：

一是要少說話，多聽聽他人的意見和主張，虛心向有才能的人學習，才能以人之長補己之短。二是說話要慎重，不要妄發言論，信口雌黃，讓人覺得你不知天高地厚。三是講話要注意時間、地點、場合和講話的對象，不要不管三七二十一，炫耀自己在某一方面有學識有見解，或是比別人知道的他人隱私多，亂發議論，這樣會傷害別人的自尊心，也會影響人際交往。四是要注意講話內容的選擇，該講的講，不該講的不要到處亂講。

職場經驗談

愚蠢總是在舌頭比頭腦跑得快時產生的。「言多必失」的教訓實在太多，所以，請告訴自己，不要再希冀用言辭來讓別人留下深刻的印象，你說得越多，你所能控制的也就越少，說出愚蠢話的可能性也就越大。

03 都不傳，就不會有謠言

林肯說過：「如果證明我是對的，那麼人家怎麼說我就無關緊要；如果證明我是錯的，那麼即使花十倍的力氣來說我是對的，也沒什麼用。」面對謠言的最好辦法，就是「濁者自濁，清者自清」，自有論斷。走自己的路，讓別人說去吧。提起謠言，每個人都會情不自禁地打個寒顫，的確，謠言的傳播速度甚至可以和光速媲美，誇張點的說，應該是有過之而無不及。

生活的不經意間，你可能突然陷入流言蜚語中。你憤怒、無助、孤獨，但卻可能連對手都找不到。這時候，不管你以什麼姿態面對它都要謹記一點：沒有流言能真正中傷你，只看你自己怎樣對待。

何靜與伊琳在同一間公司工作。一天，何靜去機房上網時發現，不知道是誰開了個黃色網頁忘了關閉就離開了，何靜不以為意地隨手將之關了起來。沒想到，第二天整個公司竟然傳開了她在瀏覽黃色網頁的謠言。在謠言之下，懦弱的何靜選擇主動辭職。

相比之下，伊琳在面對謠言時就勇敢得多。一天早上，主任將她叫到辦公室，口氣嚴峻地說，他丟了一份很重要的檔案，有人反映伊琳是最後一個離開辦公室，還說伊琳經常在背後議論主任的缺點。主任要求立刻檢查伊琳的物品。

性格一貫溫順的伊琳拍案而起，說：「我是最後一個離開，但我並沒有你辦公室的鑰匙，何況，你憑什麼根據別人的傳言斷定我有作案動機。難道這不是某人想栽贓嫁禍嗎？還有，你有什麼權利翻我的抽屜？」主任頓時面紅耳赤。

事後證明伊琳果然是被冤枉的，那份文件只是被祕書錯拿走而已。最後，伊琳不僅沒有被炒魷魚，反而從此沒有人敢再陷害她了。

同是面對謠言，何靜驚慌失措不敢作任何辯駁，任由造謠者玷污自己的名譽。最後只能選擇離開「是非地」；伊琳卻恰恰相反，不卑不亢據理力爭，既證明了自己的清白，又給陷害她的人一個教訓。

有人群的地方就有謠言；有相信「謠言」的，就有散播謠言人的用武之地。所以，與其說「謠言」是由人捏造出來的，不如說是由人「信」出來的。信「謠言」的壞處是：原本要好的一對反目成仇；原來並沒有什麼關係的人惡語相向。而不聽「謠言」的好處，就是耳根清淨、心情舒暢。

心情舒暢可以笑口常開，笑口常開就容易受人歡迎。我們都希望自己成為受歡迎的人。總是祝福親朋好友心情愉快、身體健康、美麗依舊，可是我們為什麼還要去相信傳播「謠言」的人，或者還要傳播使親朋好友聽了生氣、影響健康、妨礙美麗的「謠言蜚語」呢？

俗話說：謠言止於智者，真正有智慧的人是不會被謠言中傷的。所以我們要做生活中的智者。智者首先要做的就是不要介入謠言的圈子。你所在的圈子很有限，任何的閒言碎語遲早會傳到對方那裡。

所以，如果你真的得知了別人的祕密，千萬不能對其他任何人說。沒有人會真的替你保守祕密。要明白，保守了別人一個祕密，你就少了一次受傷害的可能，多了一次受別人賞識的機會。

如果自己不幸被謠言的利刃刺中，要保持冷靜，區別對待。與工作有關的謠言，可以在一定的場合裡當眾予以澄清。與個人有關的，最好不予理睬，因為你無法解釋清楚。不予理睬是最好的辦法，泰然處之，光明磊落，任何謠言都會隨風而去。

職場經驗談

謠言，其實並沒有你想像中那麼可怕。當它兇狠地襲來時，不要驚慌，不要無助，不要暴怒，只需用一顆平靜的心去對待它就可以了，在你鎮定自若迎視那些炮製謠言的小人之時，謠言也將不攻自破。

04 不要輕易讓別人看透你

在自己的內心裡，每個人都有一片私人領域，在這裡我們埋藏了許多只屬於我們自己的「隱私」。那是自己的祕密，只可以留給自己，千萬不要隨便說出口，也許它會成為別人要脅你的把柄，到最後追悔莫及。

小馬因為不懂保護隱私，吃了大虧。他剛入職場時，懷著很單純的想法，像大學時代跟室友們無話不談一樣，常將自己一些的經歷及想法毫不設防地對同事講。

工作沒幾年，就因出色的表現成為部門經理的熱門人選。可是他曾無意中告訴同事，他的父親與董事長私交甚好。於是，大家對他的關注集中在他與董事長的私人關係上，而忽視了他的工作能力。最後，董事長為了顯示自己的「公平」，只好任命一個能力比小馬差一些的職員為部門經理。

可見，如果小馬保護好自己的隱私，也許就能得到這個升職的機會。老闆們都欣賞公私分明的員工，敬業不僅意味著勤奮工作，更意味著以大局為重，不把私事帶到工作領域中。

很多人和小馬一樣有個共同的毛病，就是心裡藏不住事，有一點點喜怒哀樂總想找個人談談；更有甚者，不分時間、對象、場合，見什麼人都把心事往外吐。其實這也沒有什麼不對，好的東西要與人分享，壞的東西當然也不能沉積在心裡。但是，要說可以，但不能「隨便」說，因為你每個傾訴對象都是不一樣的，說心裡話的時候一定要有「心機」，該說則說，不該說則千萬別說。

一定要幫你的隱私加把鎖，無論是辦公室、洗手間還是走廊，只要是在公司範圍內，儘量不要談論私生活；不要在同事面前表現出和上司超越一般上下級的關係；即使是私下裡，也不要隨便對同事談論自己的過去和隱祕思想；如果和同事已成了朋友，不要常在其他同事面前表現太過親密，對於涉及工作的問題，要公正，有獨到的見解，不拉幫結派。有些人喜歡打聽別人的隱私，對這種人要「有禮有節」，不想說時就禮貌而堅決地說「不」。千萬不要把分享隱私當成打造親密同事關係的途徑。

我們不妨學著換位思考，站在別人的角度想一想，也許更能理解為什麼有些話不該說，有些事不該讓別人知道。全面地看待問題，會有助於你權衡什麼該說，什麼不該說。保護隱私，一來是為了讓自己不受傷害，二來也是為了更好地工作。

不過，也沒必要草木皆兵，若對一切問題都三緘其口，也很容易讓人覺得你不近情理。有時，拿自己的缺點自嘲一把，或和大家一起開自己的無傷大雅玩笑，會讓人覺得你有氣度、夠親切。

之所以處理隱私要這麼慎重，是因為隱私的傾吐會洩漏一個人的脆弱面，這脆弱面會讓人改變對你的印象，雖然有的人欣賞你「人性」的一面，但有的人卻可能會因而下意識地看不起你，最糟糕的是脆弱面被別人掌握住，會形成他日爭鬥時你的致命傷，雖然這點未必會發生，但你必須預防。

其次，有些隱私帶有危險性與機密性，當你毫不顧慮地傾吐這些隱私時，可能有一天會被人拿來當成對付你的武器，你是怎麼吃虧的，恐怕連自己都不知道。即使對好朋友也該有所保留不可隨便說出來，你要說的隱私還是要有所篩選，因為你目前的「好」朋友未必也是你未來的「好」朋友，這一點你必須瞭解。

對家裡人，也不可強硬把隱私說出來。假如你的配偶對你的隱私感受與反應並不是你能預期的，譬如說，她／他因此對你產生誤解，甚至把你的隱私也說給別人聽……

然而，閉緊心扉，「滴水不漏」也不是好事，因為這樣會被人看作不可捉摸與親近的人了。這樣也不利於人生的發展。所以，真正聰明的人應該這樣做：偶爾說說無關緊要的「隱私」給你周圍的人聽，以降低他們對你的揣測與戒心。同時，更要對自己真正的「隱私」三緘其口，這樣，你才能在生活和工作中遊刃有餘，春風得意。

職場經驗談

假如我們自己都不能保守祕密，怎麼能指望別人替我們保密呢？為你的隱私加把鎖，不要輕易向人敞開你的心靈之門，如果你不想給人留下淺薄的印象，就不要輕易地讓別人將你看得通透。

05 太「好說話」必定會惹麻煩

今天彷彿所有的事情都擠在一起了！除了日常工作，再加上一些突發事情，工作全都撞在一起，讓雅貞感到喘不過氣來。但是……

「雅貞，把這份檔案送到市場開發部」，電話那頭，經理有了最新指示。

雅貞只能放下手頭的工作，送文件回來後還沒來得及坐下，「雅貞，趕緊幫我發個傳真。」

信元說。「對了，回來時順便幫我帶杯咖啡呦。」阿雅不失時機的說。雅貞皺了皺眉頭，雖然嘴上沒說什麼，但是心裡超極不爽。

作為新人，因剛來公司時工作還沒上手，就經常要麻煩同事幫忙，所以現在只要力所能及，雅貞都樂意幫其他同事完成，希望能夠更快地融入新的環境中。但是沒想到，不知從何時起，雅貞竟成了「人民公僕」，大家有什麼事情都習慣差遣雅貞，什麼閒雜的工作都叫她去做：這個叫她去影印，那個叫她送檔案……她感到很鬱悶啊！

當雅貞端著阿雅要的咖啡走進辦公室時，剛好撞見了經理。經理看了看她，一臉的不快，皺著眉頭說：「雅貞，怎麼老是進進出出啊？」

雅貞啞巴吃黃連，有苦說不出。而阿雅他們只是抬頭看了她一眼，馬上低頭裝忙！

當同事們在忙自己的工作時，雅貞卻得放下手頭的工作，忙著給他們發傳真、端咖啡、送文件這些雞毛蒜皮的雜務！當同事們得到經理工作勤奮的表揚時，她卻挨經理的罵！雅貞越想越氣，眼淚都快流下來了。

同事之間互相幫助是常有的事。同事，是因為處在同一個辦公室裡而形成的一種工作夥伴關係。同事之間只有互相幫助，才能把事情辦好，圓滿完成工作任務。

在職場裡，好說話的人是最好相處的，因為他們常常是最佳補位，誰工作需要候補者，他們便成為最恰當的補位者；同樣的，如果碰上需要溝通協調的事情，他們也可以扮演最佳仲裁者。

當然，如果有礙情面的事發生，只要有人覺得他適合處理，他可能也會礙於情面就要接受這個臨危授命的任務。

總之，一個好說話的人，在工作上的評價通常是正面多過於負面，在人際上的評分絕對是加分的局面。超過七成的新人以毫無怨言地受人指派來表現他們的「謙虛、肯做事」，即便發展到最後，直接上司和資深同事以純私人的事情來麻煩他們，他們也不好意思拒絕。

還有一點就是，「藝術地拒絕別人，很傷神的，還不如有求必應更省事，也能取得一個好人緣。」問題是，你取得的這個「好人緣」，對你的事業發展有沒有用？在你心甘情願地陷入大量事務性工作以後，同事對你的印象竟是：「他自己願意做這些事的，這樣的人大概適合做一些被動的工作，應該也缺乏創見和個性。」

是不是很冤枉？為了滿足他們的需求，你花費了那麼多時間和精力，卻被說成一個在工作中缺少主動能力和主動意識的人，只能在別人的計劃中以謙卑的姿態分一碗羹吃。你不禁委屈道：「人心不古啊，我這樣對他們，竟換不來他們的感激，反而被他們鄙視。」

事實上，這是很自然的一種質變。你的工作量不停增加，這還都是小事，只是你辛苦點罷了，可是答應別人之前一定要搞清楚事情的來龍去脈，否則背黑鍋，犯錯誤都說不定。

一次同事休假，他把他還沒有完成的費用統計工作移交給雅貞負責。雅貞沒有辦法拒絕，問都沒有問清楚就答應了下來，可是後來才發現他完成的部分錯誤百出，之前還有一筆帳是有問題的。最終老闆查帳的時候發現了錯誤，雅貞的同事竟然拿她當替罪羊，說她是新人，難免出錯。雅貞當時真是啞巴吃黃連，有苦說不清啊。

想要打破這種局面，就要敢於說「不」。你不敢說『不』，和不敢說拒絕的原因，是因為你太在乎對方的反應，你在擔心，他／她因為你的拒絕而憤怒不安；但事實上，你才是最終那個感到憤怒和不安的人，因為你違心地答應了別人的要求。

要拒絕別人，又不想讓人覺得你冷漠無情、自私自利，下面有幾種方法，能幫助你找到合適的說辭，大大方方地說「不」——

一、「不，但是……」

你的新同事在工作忙得不可開交的時候，想請一天假。

你可以說：「我想可能不行，但是如果你能在請假的前幾天裡，抽出幾個小時的休息時間多做一些工作，我認為你再請假會比較恰當。」

你本能地拒絕了對方的請求，但你同時找到了改變自己決定的可能性，即如果對方能按你的要求去做，你會同意他／她的請求。

二、三明治原理

有些人曾經遭遇過這樣的情況：「為了慶祝我們結婚周年，我花了很長時間去安排一次浪漫的約會。但就在我們要出發的時候，朋友打電話來，說她家的保姆今天臨時有事，沒人照顧孩子，但他們現在要去聽一場音樂會。她問我，『你能幫我照顧一下孩子嗎？就今晚，拜託你了！』」

你可以說：「我真的很想幫你忙，但是今天晚上我有要事必須外出。其實，你也可以帶著孩子一起出去啊，享受一次特別的『三口之家』約會，也許感覺不錯呢！」

這樣說「不」的時候，你已經積極地提出了兩個意見供對方選擇，如三明治一般，你巧妙地讓自己夾在中間，兩頭都有合適的退路。

三、「這是為了你好……」

一個剛失業的朋友正在找工作，他聽說你所在的公司正在招聘，躍躍欲試。但你發現他並不是那份工作的合適人選，但他卻說：「你能向上級推薦一下我嗎？」

你可以說：「我覺得那份工作並不適合你，你是一個很有創意的人，但我們公司正在尋找一個數學方面的人才。」

你的朋友需要的是誠懇的建議。「如果那份工作真的不適合他，你是在幫助他節省時間。」

四、欲抑先揚

一個關係要好的同事想升遷，在洗手間裡她問你：「你現在一個月賺多少錢？」

你可以說：「我覺得這次你會成功晉升的，因為你確實很有能力，但關於我的薪水，無可奉告。」

先強調你想肯定的那個部分，那麼說起「不」來，會容易得多。在這種情況下，對方往往不會再和你爭論她所關心的這個不相干話題。

五、話題引導

你的朋友常拖家帶口地在你家借宿，而她卻從來不邀請你去她家借宿。

你可以說：「我們都很喜歡妳的寶貝女兒，但今晚不太方便，而且我覺得孩子們對來我家已經沒什麼新鮮感了，要不哪天我帶著孩子去你們家留宿？」

在拒絕的時候，你把話題引到了真正的原因上，也就是說，你在積極地解決問題。

職場經驗談

當你偶爾幫別人做一些事務性工作，並一再強調自己分身乏術時，別人會感激你；而當你經常性地主動幫助別人，別人反倒不會感激你了。所以太「好說話」不如學會說「不」。

06 無端猜忌是最大的愚蠢

某小鎮上一個商人有一對雙胞胎兒子。當這對兄弟長大後，就留在父親經營的店裡幫忙，直到父親過世，兄弟倆接手共同經營這家商店。

生活一切都很平順，直到有天十美元遺失後，兄弟的關係才開始發生變化。哥哥將十美元放進收銀機，並與顧客外出辦事，當他回到店裡時，發現收銀機裡面的錢已經不見了！

他問弟弟：「你有沒有看到收銀機裡面的錢？」

弟弟回答：「我沒有看到。」

但是哥哥對此事一直耿耿於懷，咄咄逼人地追問，不願甘休。

哥哥說：「錢不會長了腿跑掉的，我認為你一定看見了這筆錢。」語氣中隱約地帶有強烈的質疑意味，怨恨油然而生，不久手足之情就出現了嚴重的隔閡。一開始雙方不願交談，後來決定不再一起生活，並在商店中間砌起了一道磚牆，從此分居而立。

二十年過去了，敵意與痛苦與日俱增，這樣的氣氛也感染了雙方的家庭與整個社區。之後的一天，有位開著外地車牌汽車的男子，在哥哥的店門口停下。他走進店裡問：「您在這個店裡工作多久了？」哥哥回答說他這輩子都在這店裡服務。

這位客人說：「我必須要告訴您一件往事。二十年前我還是個不務正業的流浪漢，有一天剛好流浪到這個鎮上，因為好幾天沒有吃東西了，所以我偷偷地從您這家店的後門溜進來，並且將收銀機裡面的十美元取走。雖然時過境遷，但我對這件事情一直無法忘懷。十塊錢雖然是個小數目，但是我深受自己的良心譴責，所以我必須回到這裡來請求您的原諒。」

當說完原委後，這位訪客很驚訝地發現店主已經熱淚盈眶，語帶哽咽地請求他：「是否也能到隔壁商店將故事再說一次呢？」當這陌生男子到隔壁說完故事以後，他驚訝地看到兩位面貌相像的中年男子，在商店門口相擁而泣、痛哭失聲。

二十年的時間，怨恨終於被化解，兄弟之間存在的對立也因而消失。可是誰又知道，二十年猜疑的萌生，竟是源於區區十美元的消失。

不知道你是否曾有這樣的體會：當幾個同事聚在一起悄悄說話時，你會懷疑他們是不是正在講你的壞話；你告訴同事一個祕密後，你會不停地想，他是否會講給別人聽；老闆在公司例會上說了一些不好的現象，你會懷疑是不是針對自己說的；一位同學近來對你的態度冷淡，你會覺得他可能對你有了其他看法……如果你有這些情況，那麼可以說你的猜疑心較重。

有些人在某方面自認為不如別人，但自尊心過強，因此總以為別人在議論自己、算計自己、看不起自己。越想越認為是真的，陷入猜疑的漩渦而無力自拔。有些人以往比較輕信別人，並視之為知己，告訴許多個人的祕密。但卻遭到他的欺騙，進而蒙受了巨大的挫折和失敗，甚至導致很強的防禦心理，不願再信任他人，遇到什麼事情都要再三懷疑。

古代寓言「疑人偷斧」就是諷刺了那種疑心重重，戴著有色眼鏡看人，甚至毫無根據地猜疑他人的人。有個鄉下老頭兒，丟掉了一把斧頭。他懷疑是鄰居的兒子偷的，就很注意那個兒子，總覺得他走路的姿勢、面部的表情、說話的聲音、動作、態度，無處不像是一個偷他斧頭的人。

不久，老頭兒自己找到了斧頭，原來是他上山砍柴時丟在山上忘記帶回的。第二天，老頭兒又碰到鄰家的兒子，再留心那個兒子的動作、態度，就沒有一處像是偷斧頭的人了。

在猜疑心的作用下，被猜疑的人的一言一行都被罩上可疑的色彩，即所謂「疑心生暗鬼」。有些人疑心病較重，乃至形成慣性思維。一個人如果心胸過於狹窄，對同事、朋友乃至家人無端猜疑，不但會影響工作、影響人際關係、影響家庭和睦，還會影響自己的心理健康。

猜疑是建立在猜測基礎之上的，這種猜測往往缺乏事實根據，只是根據自己的主觀臆斷毫無邏輯地去推測、懷疑別人的言行。猜疑的人往往對別人的一言一行很敏感，喜歡分析深藏的動機和目的，看到別的同事悄悄議論就疑心在說自己的壞話，見別人學習用功就疑心他有不良企圖。

好猜疑的人最終會陷入作繭自縛、自尋煩惱的困境中，結果還導致自己的人際關係緊張，失去他人的信任，挫傷他人和自己的感情，對心理健康是極大的危害。

為此，思想家培根曾說過：「猜疑之心如蝙蝠，它總是在黃昏中起飛。這種心情是迷惑人的，又是亂人心智的。它能使你陷入迷惘，混淆敵友，進而破壞人的事業。」想想看，我們人際之間常有的爭執、吵鬧、誤會乃至過去很多的冤假錯案，哪件事情不與猜疑有關呢？

擺脫猜疑首先培育愛心，從對小動物的愛到對人的愛，猜疑總是往壞的方面想，是沒有愛心的表現。其次，培育寬容的心理品質。寬容就是承認差異，降低對別人的要求。能夠寬容別人是坦誠與人相處的首要條件，因為寬容是深思熟慮的素養，是內心深處去除荊棘的法寶。

猜疑者的思維方法是白圓其說，因為自己丟了東西，看他近日行為異常，所以東西肯定是他偷的。所以不管是調適自己，或對待猜疑的朋友，調整思維方法都是極其重要的。

那你有沒有被人懷疑過？就像有人在背後戳你的脊梁骨，那滋味真不好受。但就有一些同事，不幸成為這種多疑人中的一員。他們生性多疑，不弄清你是否可靠他們是不會向你表態的。他們為人處事小心翼翼，惟恐一失足成千古恨，或者落入別人設置的圈套。當大家需要合作時，他們在某項決定上遲遲不肯表態。那種等待的感覺就像陪審團進來之前，你的案子依然懸而未決般的令人難受。辦公室裡的氣氛因為他們的遲疑變得微妙和讓人打不起精神來。

與性格多疑同事交往不要急於求成。你別奢望在較短時間內獲得性格多疑同事的信任，走進他的內心深處。你需要一個較長的時間去慢慢說服對方，讓他們相信你的真誠，而且是不帶任何目的，只是為了幫他們解決困難而已。

你可以這樣說：「我今天的工作處理完了，你需不需要幫忙？對了，人事部剛下來一項新規定，你聽說了沒有？」不要急於求成，多付出一些耐心，先打好基礎，取得他的信任，然後才可能得到他的合作。

與性格多疑同事交往要以誠相待，在與他們交往中要多用「我們的」以增加親近感。耐心溫和對待，避免粗暴說教，給他們一段改進的時間。同時還要多給他們講解同事間相處的技巧，解決其待人處事的疑問，鼓勵其與大家多接觸、多溝通，減少對別人的防範，做決定要果斷等。

如果他們做得好時，要發自內心地給予真誠的表揚和稱讚。當然，在必要的時候，也要直言相告，更加仔細地分析雙方的共同利益和個人利益所在，不要掩蓋其中存在的分歧；明確各自的權益以後，用實際行動履行自己許下的諾言，用明確的態度增強他們對你的信心。

職場經驗談

只要少一些猜忌和隔閡，設身處地地去幫助他們，相信用你的一片誠心，會使性格多疑的同事有所改變，公司裡就會多一些信任和團結。

07

逢人三分話，遇鬼七分情

俗話說：「病從口入，禍從口出」，辦公室裡，同事之間通常只是隔著一扇小小的「屏風」，再加上工作的單調，聊天自然成為一件極平凡的事情了。但有些人說到興起之時，口不擇言，不管什麼都一吐為快，往往一句話成為潑出的水，想收回也難了。

同在一個單位或者就在同一個辦公室，搞好同事間的關係是非常重要的。關係融洽，心情就舒暢，這不但有利於做好工作，也有利於自己的身心健康。倘若關係不和，甚至有點緊張，那就日子難過了。導致同事關係不夠融洽的原因，除了重大問題上的矛盾和直接的利害衝突外，平時不注意自己的言行細節也是一個原因。

對於如何才能建立良好的人際關係，不少的人則感到迷茫，他們往往抱怨自己運氣不好，怨天尤人，認為自己周圍生活圈裡好人太少，無法進行滿意的交往。

職場是個殘酷的競技場，每個人都可能成為你的敵人，就算是合作很好的拍檔也可能突然翻臉來攻擊你。如果你的私事多次向他暴露使他知道許多，他就越容易擊中你的要害。

所以有一點要切記，不管自己遭受了什麼打擊，都不要把情緒帶到辦公室裡，也不要將辦公室當成傾訴衷腸的小天地。同時，說話還要看場合。「公私分明」是一條在任何時候都適用的規則。工作之餘，與同事一起唱唱KTV，聚餐，郊遊……也要把握這個原則。但現實生活中，總有那麼一些人，老是喜歡對人說長道短，品頭論足。

某城市曾經對「上班族」進行了一次抽樣調查，當被問到「什麼是吸引你每天上班的理由」時，竟有相當一部分人選擇了「不上班，就聽不到許多小道消息、謠言、流言、傳言和讒言」。一間公司就像是一個小社會，同事之間不交流是不可能的，但有些交流卻會傷人。

一天，某公司一位員工路過一家咖啡廳，無意間看見同事小趙正在和一位年輕的女子喝咖啡。此人是一個典型的多嘴婆，一到公司便嚷開了：「你們知道嗎?小趙交女朋友了，我親眼看見他跟他女朋友在一起喝咖啡，兩人還摟摟抱抱可親熱了。」

於是一傳十，十傳百，經過眾人之口之後，一個簡單的事情變得複雜起來，最後，那位女子竟變成了本公司的某位小姐。無中生有的話傳到了當事人耳朵裡，雙方都認為這謠言是對方造的，結果本來感情很好的同事因此互相不再搭理。可見，流言的危害有多大，它可以使朋友變成敵人。

有些人喜歡與人共用快樂，但涉及到你工作上的資訊，譬如即將爭取到一位重要的客戶，老闆暗地裡給你發了獎金等，最好不要拿出來向別人炫耀。只怕你在得意忘形中，忘了有某些人眼睛已經發紅。「逢人只說三分話」，還有七分，不必說出。

職場經驗談

作為公司的一員，每天都與同事相處，對同事的品格也有所瞭解，切不可把雞毛當令箭，把流言蜚語當真事來傳。

08 不要在閒聊中失去魅力

現實生活中有一種人專好推波助瀾，把別人的隱私編得有聲有色，誇大其詞地逢人就說。人世間不知有多少悲劇由此而生。你雖然不是這種人，但偶然談論別人的隱私，也許你無意中就為別人種下禍患的幼苗，其不良後果並非你所能預料的。

人們常說女人比較愛談論別人的隱私，但其實男人當中也不乏這種人。如果你茶餘飯後要找談話的話題，那天上的星河、地上的花草，無一不是談話的好題目，不是一定要說東家長、西家短才能消遣時間吧?就是在工作閒暇之餘，有許多「大舌頭」們也總是喜歡談論別人的私事，把公司當成「私人會館」了。

殊不知，工作場合談私人事情，不僅影響工作效率，而且有損個人形象。過多暴露出個人一些生活「祕密」，或者掌握了他人一些私密問題，對自己、對他人都是很不值得的事情。因為，這可能會給你帶來一些麻煩。道理很簡單，你願意別人掌握自己的「祕密」嗎？同樣的，別人的「私房話」被你知道後，那以後對方能不跟你保持距離嗎？

有些人喜歡多管閒事，對於與自己無關的事，仍然喜歡追問到底；有時可能是基於善意的關懷，有時卻也是滿足自己的好奇心。實際上，人們之所以喜歡洩漏祕密，挖掘別人的隱私，很大程度上還是因為這樣做會讓他們覺得很有趣。

有個年輕人因為忙於事業而至今未婚，這似乎讓一些好事者發現了「新大陸」，因此他就經常被人「關心」，甚至「嚴重關切」。認識他的人，總會問：「怎麼還不結婚？」「什麼時候請喝喜酒啊？」被問多了、問煩了，這個年輕人的答案一律是——「世界末日時我大概就會結婚了。」

沒結婚，實在是個人的問題，但是很多人卻表現出「極度關心」的態度，其實他們自己的婚姻也未必好到哪去。然而有的人還會偷偷打聽：「他長得也不錯，怎麼還不結婚？是不是有什麼問題，有什麼毛病？」害得這位年輕人的父母也犯了嘀咕，老是問他，你是不是「生理」有什麼毛病？

最近問他「怎麼還不結婚的人」越來越多，他煩了，只好回答他們：「因為我的屁股上長了一個胎記！」

「你的屁股上長了一個胎記？那跟你不結婚有什麼關係？」

他說：「是啊，那我不結婚跟你有什麼關係？」

這也算是給那些「大嘴巴」們一個回擊，打擊一下他們的好事之癖。

或許你已經意識到，當你向別人透露一些讓他感到意外的內幕時，往往容易博取對方的歡心。你會因為知道一些別人不知道的東西而體會到一種自命不凡的感覺，在大家面前洋洋得意。所以，那些不能保守祕密或遵守信用的人，多半都是自己虛榮心膨脹的犧牲品。

精明能幹的人當然不會貪圖這種愚蠢的虛榮。他們知道在一般情況下，人們很難對那些輕易洩漏祕密的人產生信任。一旦發現誰有這個傾向，哪怕他洩漏的是關於自身的祕密，那些懂事明理的人恐怕從此以後絕對不肯再把自己的祕密託付給他了。能不能做到守口如瓶，是樹立起你自己信譽的關鍵之一。

事實上，人與人之間的關係相當複雜，如果你以談論別人的隱私為樂，最後極有可能招惹是非，而且給人一種「你是個不值得信賴的人」的印象，那你的印象將大打折扣，人際關係也會變得一團糟。

職場經驗談

要在職場中獲得好人緣，不在於自己能說會聊，而在於懂得什麼話題該說，什麼話題應該避諱。

09

靜坐常思己過，閒談莫論人非

「靜坐常思己過，閒談莫論人非。」這句話是職場、交際場、家庭內部協調人際關係的準則，至今對於我們每個人都有積極的借鑑作用。

「靜坐常思己過」，是一種反省的功夫。假如我們能在靜下來的時候，想到自己在做事或待人方面有疏忽有虧欠的地方，自然就會減少了對別人抱怨嫉恨或報復的心情；同時也由於明白了自己的過失而得到一些警惕，以後將不會再犯同樣的過錯。這就是前人勸我們「靜坐常思己過」的真正意義。

至於「閒談莫論人非」則更是我們為人處世的一條金科玉律。把談論別人是非的時間用來「常思己過」，既可減少得罪人的機會，又可隨時改正自己的缺點，可以說是一舉兩得。

總有些人愛在他人背後搬弄是非，這種「長舌的人」無論到哪裡都讓人討厭，但卻又時常碰到。怎麼辦？先用「三個篩子」篩一下，再看是否有必要聽。

一個人急急忙忙地跑到一位哲人那裡，說：「我有個消息要告訴你……」

「等一等，」哲人打斷了他的話，「你要告訴我的消息，用三個篩子篩過了嗎？」

「三個篩子？哪三個篩子？」那人不解地問。

「第一個篩子叫真實。你要告訴我的消息，確實是真的嗎？」

「不知道，我是從街上聽來的。」

「現在再用第二個篩子審查吧。」哲人接著說，「你要告訴我的消息就算不是真實的，也應該是善意的吧。」

那人躊躇地回答：「不，剛好相反……」

哲人再次打斷他的話：「那麼我們再用第三個篩子，請問，使你如此激動的消息很重要嗎？」

「並不怎麼重要。」那人不好意思地回答。

哲人說：「既然你要告訴我的事，既不真實，也非善意，又不怎麼重要，那麼就請你別說了吧！這樣的話，它就不會困擾你和我了。」

如果不幸聽到他人談論別人的隱私或是非時，我們要做到「守口如瓶」，切莫到處隨意亂傳播。這對整個團體的影響很大，容易造成惡劣的風氣，也會使漩渦中心的人受到傷害。

芝君高考落榜後，進了一家工廠，廠裡對她們一同進廠的四十個女同事進行培訓。四個月以後，只有芝君一人分到科室工作，其他人全分到車間。

芝君很高興，在科室工作許多事要從頭學起，她虛心向老員工請教，勤奮學習，細心觀察別人對問題的處理方法。芝君這個人很聰明，腦子也比較靈活，辦事也有一定的能力。

但就在工作取得一定成績的時候，她聽到別人對她的議論，說她是靠不正當手段進科室的，說她與上司的關係不是一般等閒話。芝君的上司有能力，但名聲的確不好，經常開過頭的玩笑。芝君對他也很看不慣，但畢竟是上司，又能怎麼樣？所以芝君只能對他敬而遠之。

可是有些同事總是背後議論她的品行，他們這些無中生有的議論，讓芝君的心理壓力很大，她沒有使用任何不正當手段讓自己分到科室工作，她自認為是憑自己的本事得到這一份工作的。可是「人言可畏」！

自從聽到傳言之後，芝君處處小心，感到孤獨、煩惱，精力很難集中起來，工作、生活從此被打亂了！

我們總能碰到一些好奇心特別重的人，他們對於他人的事分外關注，傾注巨大的熱情，總希望能多瞭解一點才好。其實瞭解別人的隱私是一件非常危險的事，明智的人從來不希望過多地「分享」他人的私密故事。

秦檜當上宋朝的宰相後，許多人都想巴結他。有個人非常善於阿諛奉承，和秦檜的關係很好，受到多方關照，得到無數的好處。

為了使關係「更上一層樓」，這個人挖空心思，想辦法弄來一條十分珍貴的波斯地毯，送給了秦檜。

地毯送來後，秦檜讓家人鋪在屋裡，一看尺寸不多不少，大小正好合適。眾人紛紛稱讚送禮的人有眼光，想得真周到，那個人也沾沾自喜，但是秦檜的心裡卻感到很不舒服。

原來，這個人為了博得歡心，此前每次到秦檜家裡來時，都仔細觀察屋子的大小，並加以準確地目測。因此，他送來的地毯才會完全合適。

不過，這個人沒有再得秦檜的褒獎，後來，秦檜還找了個藉口把他殺了。為什麼會這樣呢？因為秦檜感到這個人心計太深了，對自己的屋子大小都能計算得如此準確，毫釐不差，那麼他對自己其他方面的事情也一定瞭若指掌。秦檜感到，把這樣的人留在身邊實在太危險了。

無數事實都告訴人們，瞭解別人不願說出來的隱私，對自己來說是危險的。可是，儘管我們不願主動去打聽別人的隱私，有時候卻會碰巧看見或聽見了，這時候應該怎麼辦呢？最巧妙的做法，就是假裝沒注意到。真正的智者與君子不會去做當傳話筒，而是讓流言蜚語止於他們那裡。

有幾個女同事中午聚在一起吃午餐，聊著聊著就批評起這個主管不好，那個主管色迷迷的。幾個女人七嘴八舌，恨不得把這個世界倒過來，讓什麼事都不對勁，好讓她們說個夠。

正談得激烈時，她們看到人力資源部的瑞祥拿著盒飯走過來，就叫住他和大家一起吃飯。

一位名叫小萍的女員工正在批評剛進公司的一位男主管：「哼！他什麼都不懂還愛擺個臭架子，我看瑞祥就比他強多了，瑞祥，你說對不對啊？」

瑞祥低頭吃飯不想談這些話題，忽然抬起頭來神祕兮兮地說：「我曾聽他說過很欣賞妳！他是不是曾經約妳出去玩？」大家聽了，立刻停住正想繼續發表的評論，不約而同地將目光集中在小萍泛紅的臉上。

其實年輕優秀的新主管，哪會去喜歡一個成天論人是非的女人，只不過是瑞祥虛晃一招罷了。這一招還真管用，大家不說話了，用狐疑的目光盯住小萍。這下子可讓瑞祥安靜地吃頓飯了。

生活中的無聊話題氾濫成災，如果你身陷其中，總想辯個明白，那麼你會被無聊話淹沒，不如及早做個簡潔、機智的應對。

有人說：「假如我們都知道別人在背後怎樣談論我們的話，恐怕連一個朋友也沒有了。」這並不是一句否定人與人之間友情的話，相反的，它正是告訴我們，對背後的閒話盡可不必去認真打聽和計較。

羅斯福當海軍助理部長時，有一天一位好友來訪。談話間朋友問及海軍在加勒比海某島建立基地的事。

「我只要你告訴我，」他的朋友說，「我所聽到的有關基地的傳聞是否確有其事。」

這位朋友要打聽的事在當時是不便公開的，但既是好朋友相求，那如何拒絕是好呢？只見羅斯福望瞭望四周，然後壓低嗓子向朋友問道：「你能對不便外傳的事情保密嗎？」

「能。」好友急切地回答。

「那麼，」羅斯福微笑著說，「我也能。」

職場經驗談

即使有人在我們面前說某人的壞話，我們也不必較真，當然最要不得的是到處加油添醋地宣傳。要知道，通常他們在我們面前說，也是對我們的信任，所以還應為他人多考慮一點，更何況這樣做我們又沒有什麼損失，不僅能夠化解一場可能引發的誤會，也贏得了他人的讚賞。

10 口舌之爭的威力超過原子彈

同事間相處，雖要真實，但也一定要保持平平淡淡。無數事實證明，那些善於搬弄是非的人，都是做不成大事的人。一個真正有能力，有水準，有讓人敬慕的人格力量的人，怎麼會搬弄是非？說到底，搬弄是非是軟弱無能的表現，是在人與人之間玩弄的一種小把戲，根本登不上大雅之堂。

大家每天在一起，聊天、談論問題的時間很多，誰也不能保證這種交談就一點也不涉及人與人之間的關係，誰也不能夠做到每說一句話都思考再三，每一句話都絕對與別人無關，且對別人一點褒貶都沒有，所以，在和同事聊天的時候，特定場合說的話，不能全盤照「搬」，對於同事無意中說出的關乎別人隱私的事，要含糊應對。

如果你發現竟然有人在背後說你的壞話，暗中破壞你的形象，這時候不要因為一時怒氣就跑去找對方理論。應該先穩定好自己的情緒，一步步地化解難題。

第一步，反省自己

應該想想，自己是不是做過什麼事、說過什麼話，讓對方看你不順眼。如果不明就裡地去找對方興師問罪，只會激化矛盾。

第二步，問清楚原因

你可以問：「我不知道發生了什麼事，是否可以告訴我是什麼問題。」如果對方什麼話也不願意說，就直截了當地跟對方說：「我知道你對我有些不滿，我認為我們有必要把話說清楚。」

第三步，委婉地警告

如果對方不肯承認他曾經對別人說過不利於你的話，你也不必戳破對方，只要跟對方說：「我想可能是我誤會了。不過，以後如果你有任何問題，希望你能直接告訴我。」讓對方知道，你絕對不會坐視不管。

第四步，向上級報告

當類似的事情第二次發生時，你可以明白地告訴對方：「如果我們兩人無法解決問題，就有必要讓上級知道這件事情。」如果事情仍未獲得解決，就直接向上級報告。當然，不是所有的情況都必須向上級報告。如果對方只是對你的穿衣品味有些挑剔，就讓他說去吧，這並不會影響你的工作或是你和其他同事之間的關係。

同事之間應該豁達大度、相互容忍、相互諒解，當聽到某一同事談論對另一同事的不滿時，切記不要搬弄是非、火上澆油。最高明的辦法是充當調解人，在互有成見的同事之間做一些「黏合」和「調和」工作。隱去雙方過激的不友好的話，而說一些能起到緩解和融洽關係的話。

要啟發雙方多想別人的長處，多找自己的不足，不要糾纏細枝末節，不要對已經過去的事情耿耿於懷。只要真心誠意地維護同事之間的團結，不厭其煩地做好工作，互有成見的同事就一定會盡棄前嫌、和好如初。

職場經驗談

職場中總有一些「嚼舌族」存在，身處職場你一定要潔身自愛，並且小心遭受「嚼舌族」的侵害。職場「長舌婦」議論別人是非的同時，也會讓自己捲入是非之中。

11 辦公室言談常需「和稀泥」

何謂「和稀泥」？就是遇到難題，包括進諫、爭執及糾紛等，不在是非對錯上糾結，而是不斷調和、折中，「抹平」才算和諧，「搞定」才算穩定。

雖然說「和稀泥」多少有些貶義，但綜觀當今那些為人處世的高手，幾乎都懂得「和稀泥」的藝術。他們儘量不去招惹強勢者，或者在強勢者之間周旋，察言觀色，見人說人話，見鬼說鬼話。這種看似是有些狡猾的生存方式，其實它是聰明人辦事成功至關重要的基本功。

漢元帝劉奭登基之後，採用了賢者王吉和貢禹。

當時朝廷內的最大問題是外戚和宦官專政，但是當漢元帝問起貢禹對國家大事有什麼意見時，貢禹卻對皇帝說，請他注意節儉，因為勤儉才能治國。

漢元帝天性就吝嗇得很，一聽貢禹這麼說，正合他意，而又能顯現他的功德，立刻將很多節儉措施付諸行動。

不料，貢禹這一提議非但沒有得到後世政治家司馬光的讚揚，反而遭到了他的嚴肅批評。司馬光在《資治通鑑》中說：「忠臣侍候君主，要揀皇帝最嚴重的錯誤、最難改正的毛病，第一時間提出來，督促他改正，其他小毛病稍帶著就改正了。

漢元帝剛登基，有心向上，恰如一張白紙，他虛心向貢禹請教，貢禹就應該抓住機遇，先指出最急的問題，後說那些不著邊的事。

漢元帝的最大問題是什麼呢？『優遊不斷，讒佞用權』。可是貢禹隻字不提，而是喋喋不休地講勤儉。

漢元帝天性愛節約，貢禹卻說個沒完沒了，是何居心？如果貢禹不知道國家的問題，怎麼能被稱為賢良？如果他看出來又不肯說，反而顧左右而言他，罪可就大了！」

皇帝剛剛登基，表現虛心納諫，大部分都是裝裝樣子，表面功夫，貢禹懂得察言觀色，使他深得皇帝之心，如此才能保證他的將來。但司馬光卻對此不以為然，認為為人臣子，就要努力幫助皇帝整頓朝廷。他本人也是這麼做的，面對宋朝內部的新舊黨問題，治國問題，他不斷地在皇帝面前表現自己的強勢，絲毫不理會君王的心情。

結局怎樣呢？「伴君如伴虎」，天威難測啊。

當時的皇帝可能無法動搖司馬光的權臣地位，但是司馬光最後不也是急流勇退，鬱鬱而終了嗎？他的話皇帝又聽進去幾句呢？他的《資治通鑑》，皇帝又讀了嗎？

雖說貢禹這種只求自保，順著上司說話的做法不值得提倡，不過在當時是不得已而為之，因為元帝不是一個能納諫的人。其實，不僅僅是在職場，在任何存在人際交流的社交環境中，「和稀泥」都是一門有必要掌握的藝術。

職場經驗談

如果我們在工作中，尤其是面臨職場生存的問題，上司是一個能夠納諫的人，可以委婉地說出自己的建議，並不時地察言觀色，適時遞上一些恭維話，把內心硬邦邦的建議用「和稀泥」的方式進行表達，這才是現代人的進諫方法。

12 千萬別找公司裡的人訴苦

工作中，每個人都可能遭遇到坎坷和挫折，這種逆境會使我們產生傾訴孤獨與憤懣的慾望。但是，傾訴需要找對場合與對象。公司裡不是吐苦水的地方，小心你說過的話會讓每一個人知道。到時候，你只有一條路可走，那就是走人。

一位剛進公司不久的新人，因為受了點上司的窩囊氣，便找到上司的祕書大訴其苦；沒想到當初頻頻附和他的祕書，一轉身就向他的頂頭上司打小報告，造成他與上司之間關係更加惡化。原定三個月後的加薪取消了，眼看和自己一同進公司的新人都有了起色，升職加薪忙得很高興，讓他心裡很不是滋味。後來，他決定越級向大老闆報告，但消息卻被大老闆祕書轉述給他的頂頭上司，他不但沒有機會面見大老闆，而且再也無法在公司工作下去，只好辭職。

客觀來說，每個人在職場中的角色隨時都在變動，今天是難兄難弟，明天可能就是競爭對手。當初推心置腹的一番話，很可能成為被人利用的把柄。想吐苦水，最好找身邊親朋好友，以免因為利害衝突，導致說過的話被加油添醋後傳出去。

當然了，在職場上並不是什麼都不能夠說，該發表意見時，一定要陳述自己的想法，重要的是要適時發表想法，否則會被誤解為居心叵測。口舌是決定職場上人際關係是否成功的關鍵，一定要謹言慎行。說什麼、對誰說、怎麼說，都需要認真學習，成功人士就是你的榜樣，看看他們是怎麼做的很重要。

一般來說，同事之間有幾類不能說的事情，你一定要記在心裡。

一、有關個人隱私，比如夫妻問題、私生活等，這些事情很敏感，很容易在與別人產生衝突時被對方拿來歸罪於個人品質。

二、有關公司忌諱的話題，例如公司機密、薪資問題，這些重要問題多數公司明文規定不能外洩。如果你洩漏了這些消息，不但在公司裡待不下去，很有可能在整個行業也待不下去。

三、有關個人與高層主管的恩怨。有恩容易遭嫉，有怨或許會被有關人士拿去炒作，都會傷害到自己，應該儘量避免提及。如果實在難以避免也要婉轉些。

如果不小心說了不該說的活，當時以及事後要積極補救。以前面那位新人為例，當初他就應該直接跟頂頭上司溝通，當面提出自己的疑問、想法和感覺，不要讓老闆聽到那些經過包裝的言論；同時，他應該暗示那位祕書，事情已經跟他的上司談過，就會避免打小報告的情形再出現。所以，請牢記一句箴言：「吐工作中的苦水，千萬別找公司裡的人。」

職場經驗談

當你還不瞭解一個公司內部的各種潛在關係之前，不要貿然找人說心事；事實上，你根本就不該跟工作上相關的人吐苦水，包括和你一樣受排擠的同事。

Part 3

「別讓同事成為敵人」

01 裙帶關係千萬動不得

現代職場上難免有這樣的情況。你會發現不知道從什麼時候起，身邊就多了很多「皇親國戚」。他們跟老闆有著千絲萬縷的聯繫，因為這些聯繫他們被安插進來，成為了你的同事。這個時候就要注意，千萬別招惹這些「皇親國戚」。

志強是一家公司的人力資源主管，但是因為觸動了「皇親國戚」的利益，受到上司冷落、同事孤立。他就將自己的苦悶透過信件的方式，向一位記者傾訴，以下是信件內容：

「最近實在太鬱悶了，但又不知道該怎麼排遣心中的抑鬱。從一個朋友那裡聽到您對冷暴力的調查研究，所以冒昧寫信給您，希望能得到您的幫助。

我來這家公司才三個月，公司裡面有很多員工或是老闆的親戚或是經理的朋友，總之有很多人都不是靠本事進來公司的，而是靠關係在這裡當寄生蟲。我十分反感和厭惡那種人，他們沒什麼真本事，但在公司卻十分囂張，所以公司的管理人員對他們也敬而遠之。

但我還是堅持以業績來評判。年終績效考核的時候，我按照章程實事求是地對那些『關係戶』進行了考核。由於他們平時總是無所事事，並且無視公司的規章制度，經常遲到早退，有時候好幾天都找不到人，更談不上什麼業績了，所以我給他們的初步考評的成績都很低，沒有一個不及格的。我自認為『秉公執法』，沒什麼不妥。

但當我把考評結果拿給部門主管看的時候，他相當不滿意，狠狠地批了我一頓，並且責令我重新考評。我覺得非常委屈，我是按規定辦事的，並沒什麼錯。但當時無法抗拒部門主管的要求，只好重新做了一份績效考核。此後我的工作更加艱難，那些『皇親國戚』不時給我難堪，同事對我也不像以前那麼熱絡，我很苦惱。」

志強是一個按規章制度辦事，看起來沒有什麼錯誤，但是在很多時候，很多問題並不能經由硬性的規章制度來解決。因為這有一部分的人往往對搞關係、私人權力超越公司制度的做法不以為然，他們往往認為個人權利應該為公司的規章制度讓道，但事實上這樣的態度很多時候並不能達到理想的效果，甚至有時還會將自己捲入人際關係的漩渦。

志強沒有看清這裡面的利害關係，過於耿直。可惜結果都一樣，最後不僅沒能動搖那些「皇親國戚」的地位，反而為自己招來災禍。仔細想想，那些「皇親國戚」之所以能在公司工作，就是老闆的意思。志強公然認為那些人沒有在公司工作的資格，豈不是質疑老闆的做法？

「皇親國戚」是公司中一個特殊的團體，跟他們保持一般的關係就可以了。如果你跟他們走得很近，難免會有人認為你想利用他們和老闆的關係。就算沒有這方面的嫌疑，如果你和他的交談傳到老闆的耳朵裡，也容易將你捲入是非之中。不要跟他們「拉幫結派」，你千萬不要想與他們合謀從而能分得「一杯羹」，這樣只會讓你越陷越深，最終無力自拔。

職場經驗談

「皇親國戚」是公司中一個特殊的團體，不要輕視和怠慢他們，同時也不要與之交往過於密切，保持一般的關係就可以了。不管他們的為人怎麼樣，畢竟身分特殊。

02 幫助別人要恰到好處

從實例中，學學職場助人經：

一、利人不損己

同事突然找你幫忙，你該怎麼做呢？

部門主管突然來向小張求救，他有一個計劃希望與某公司合作，而小張與該公司老闆十分熟稔，主管想讓小張做中間人，向對方老闆遊說一番。

小張仔細思考了一下，如果他去遊說那個老闆，事情不成可能既得罪了主管又得罪了朋友。所以他先詳細瞭解了這個計劃的來龍去脈，兩家公司合作，究竟誰得誰失？他鼓動如簧之舌，有什麼好處呢？小張想來想去決定答應主管同意做中間人，但只限於介紹他與該公司某人認識，並不充當說客。

小張在介紹時事先將事情的概況向他的熟人講一遍，讓他有心理準備，並說明合作與否，不必考慮小張這方面，因為根本與小張無關。安排兩人第一次見面，小張選在大家午飯不常去而又安靜的飯館，讓兩個人先行認識，話題最好放遠些，切忌一見面就談生意，那只會令小張尷尬，第二次相見，小張可幫忙聯絡，但他並不參與，任由兩人自由發展好了。這樣小張既幫主管完成了一件事又沒有傷害朋友，一舉兩得。

二、不在其位，不謀其政

假如一位與你十分投緣的同事，要做一個新建議書，請你提意見，你經過客觀地給他分析完成了新建議書，滿以為幫了他一個忙，可是不久之後，建議書被老闆駁回，同時他還被老闆訓斥一番。這時你一定要吸取教訓，因為「不在其位，不謀其政」，隨便說話，容易弄巧成拙。

這時你要約那位同事吃飯，表示歉意。但言辭上不必過分內疚，只需告訴他你的感受：「我本來希望幫你一把，不料卻愈幫愈忙……看來，我還是只適合做內部和執行的工作，不宜胡亂做計劃。」「下一次你做計劃，最好多問其他人意見，集思廣益，效果一定會更好。」你此時最大的目的是取得諒解，和讓對方知道最後的決定權還是在他本身，你只是提意見而已。

三、金錢瓜葛要理清

遇上有同事向你借錢時，該如何是好呢？那先觀察情況，此人是否常有經濟拮据情形？又是否不會如期還錢？還有，他在同事間的信譽是否不好？

要是答案全是否定的，那就說明這位同事確是有燃眉之急，作為朋友，雪中送炭是應該的，而且你不必仔細詢問，只要伸出援手，並且安慰他：「不必憂心，我可以幫助你，你全力辦你的事吧！」如果答案剛好相反，此人則是不知自愛，起碼也是理財無方，值不值得你幫忙，就要看你與他的交情了。

如果他是你同部門的同事，而且與你關係又十分密切，那麼，你惟有「酌量」幫忙，而治本之法是多規勸老友要小心理財，希望對方不要總陷於拮据狀態。如果對方是別的部門的同事，因為接觸較少，不必尷尬，只需婉轉地回絕：

「對不起，我這個月也已經亮紅燈了，恐怕幫不上忙。」

雖然幫助別人是我們每個人都應該具有的美德，但透過以上的幾種方式我們仍舊可以看出說明也是需要技巧和限度的。否則，幫人不成反害己，得不償失，悔之晚矣。

職場經驗談

現代職場並非都是爾虞我詐，辦公室這個小如泥丸的戰場，同事之間也是需要互相說明和扶攜的。如果方法得當，你就既能幫助別人又能幫助自己。

03 放低姿態，對每個人說佩服

嫉妒之心像一條蛆蟲，蛀蝕和毀害著他人和自己。

芸芸眾生中，總有那麼一些技不如人，卻對別人的成績嗤之以鼻的人，「妒人之能，幸人之失」上演著一場場醜陋的嫉妒鬧劇。在現實生活中，為了別人比自己更優秀而指桑罵槐、為了某人比自己更出眾而憤憤不平、為了別人比自己更富有而鬱鬱寡歡的也大有人在，給本已不太平靜的生活平添了幾多煩惱和紛擾。

宇濤是某大學社會學專業大三的學生，他是以優異的成績考入這所著名大學的。剛上大學時，他與班上同學的關係非常融洽，這當然與他的熱情大方、樂於助人的性格有關。同學們都喜歡樸素、熱情的他。

可是慢慢地，他產生了嚴重的不平衡心理。只要別的同學哪方面比他強，他就會眼紅；只要老師在同學面前表揚別的同學，他心裡就酸溜溜的；他看見別的同學家境很好，不用勤工儉學就能過著很寬裕的生活，他心裡就不平衡，時常怨恨自己沒有生在一個富裕的家庭；看見別的同學得了獎學金或被評為「優良學生」，就嫉妒得夜裡輾轉反側，暗暗埋怨上天的不公。

宇濤尤其看不慣與他來自同一所高中的一位同學。原來兩個人在高中時各方面都不相上下，上大學後，這個同學的成績越來越好，而且被選為班幹部，他就更加妒火中燒了。

於是他的注意力開始不在讀書學習上，而是時刻注視著同學的一舉一動，妄圖從中抓住把柄，他開始到處散佈那位同學的流言蜚語，造謠中傷，要讓大家都開始討厭他。

他為了爭口氣，把同學比下去，在競選班幹部時竟然在底下搞小動作、拉選票，結果他的陰謀被同學們識破，唱票時只有他自己投了自己一票，十分狼狽。

一計不成他又生一計，在期末考試中，他知道憑自己的水準是拿不了高分的，於是，他就採用夾帶紙條的方式作弊。在最先的兩科考試中，他的計謀得逞了。正當他自鳴得意、覺得勝利在望時，在第三科考試中被監考老師抓個正著。

老師說：「我早就注意你了，以為你會有所收斂，沒想到你一而再、再而三地作弊。我再也不能容忍你的行為了。」

宇濤當下痛哭流涕地求監考老師手下留情，可是學校的制度是無情的，宇濤的名字上了作弊的名單。後來，學校做出了開除其學籍的處分決定。宇濤沒想到自己的大學生活會是以被開除告終，讓他覺得無顏面對自己的父母。

嫉妒的毒火燒毀了宇濤的良知，讓他迷失了本性，一而再、再而三做出害人害己的蠢事。嫉妒往往來源於和他人的比較中，一旦認為他人在某方面比自己強，便會時刻想著如何打擊、詆毀他人，這樣的人不可能埋頭努力自己的事業，而是把所有的精力都放在關注他人的一舉一動上，那個被他所嫉妒的對象就像一根長在他心頭的刺，這個刺成了他生活的中心，他因此而意亂神迷、無法掌控自己的人生方向。

一個埋頭努力自己事業的人，是沒有功夫去嫉妒別人的，他們有更重要的事情要做，不可能把時間和精力浪費在謀算別人上。嫉妒的人是在不斷對別人的打擊中尋找樂趣，以求內心平衡，而他們自己的生活卻因此而搞得一團糟。

正如古希臘哲學家德謨克利特所說：「嫉妒的人常自尋煩惱，這是他自己的敵人。」與其說是別人的成功妨礙了他，倒不如說是他自己的關注點發生了偏離，自願從生活軌道上滑落而自毀前程。

為了消除嫉妒，首先要正確地認識自我，評價別人。人不可能萬事皆通，樣樣比別人好，時時走在別人前面。要接納自己，認識自己的優點與長處，也要正確地評價、理解和欣賞別人。

在因為嫉妒心理而給自己的精神帶來一些煩惱與不安時，不妨冷靜地分析一下嫉妒的不良作用，同時正確地評價自己，進而找出一定的差距，做到「自知之明」。只有正確地認識了自己，才能正確地認識別人，嫉妒的鋒芒就會在正確的認識中鈍化。

為了消除嫉妒，要學會正確的比較方法。一般說來，嫉妒心理較多地產生於原來水準大致相同、彼此又有許多聯繫的人之間。特別是看到那些自認為原先不如自己的人都冒了頭，於是嫉妒心油然而生。

因此，要想消除嫉妒心理，就必須學會運用正確的比較方法，辯證地看待自己和別人。要善於發現和學習對方的長處，糾正和克服自己的短處。而不是以自己之長比別人之短。這樣，嫉妒心也就不那麼強烈了。

為了消除嫉妒，要充實自己的生活，尋找新的自我價值，使原先無法滿足的慾望得到補償。當別人超過自己而處於優越地位時，你若是聰明者就應當揚長避短，尋找和開拓有利於充分發揮自身潛能的新領域，以便能「失之東隅，收之桑榆」。這會在一定程度上補償先前沒滿足的慾望，縮小與嫉妒對象的差距，進而達到減弱以至消除嫉妒心理的目的。

為了消除嫉妒，化嫉妒為動力，不管是在學校，還是在工作單位，每個人都要在具有競爭的環境中客觀地對待自己。不要把比自己優秀的同學或同事，當成是與自己有競爭關係的對手，而是要當成自己前進的動力。

學會讚美別人，把別人的成就看作是對社會的貢獻，而不是對自己權利的剝奪或地位的威脅，將別人的成功當成一道美麗的風景來欣賞，你在各方面將會達到一個更高的境界。

職場經驗談

嫉妒是危險的，嫉妒是可悲的，何不擴展我們的心胸，學會超脫地看待別人的優秀和出色，化解嫉妒這顆毒瘤，你才會發現更多生命中的美好。

04

無需抱怨，遭人排擠是你的錯

剛走出大學校園的小泉，一直都在慶幸自己能殺出重圍，順利應徵到一知名公司工作，且似乎對周圍的一切都能應對自如。不料，有一天，他發現周圍的同事突然一改常態，不再對他友好，並事事採取不合作態度，處處給他設置難題進行百般刁難，讓他出盡洋相……小泉已完全意識到這點：同事們在有意排擠他。

面對這種狀態，小泉的情緒一落千丈。這可是剛剛涉足工作領域，碰到的一個棘手而危險的問題。該如何採取有效措施來應對大家，他完全不知道該怎做才好……

一個人在公司裡的定位，依據工作的職位、人際、能力等而有所不同。有的人可以是各方爭相籠絡的對象，在公司裡走路有風，人人稱羨；但是有些人卻沒有這般幸運，工作只是為了圖口飯吃，工作成就談不上，充其量只是一個循規蹈矩的上班族。

不管居於何種角色，在職場裡最令人失望的還是遭人排擠。

遭人排擠的確是一件令人不快的事，但是並非能力強的人才會有此遭遇，能力弱的人同樣也有面臨此種慘狀的可能。

總之，磁場不對，「排擠」之事就難免會出現。被同事排擠，必然有其原因。這些原因不外乎以下六種情況：

一、近來升級連連，招來同事妒忌，所以群起排擠你。

二、剛到公司上班，你有著令人羨慕的優越條件，包括高學歷、有背景、相貌出眾，這些都有可能讓同事妒忌。

三、雇用你的人為公司內人人討厭的頭號公敵，故連你也受牽連。

四、衣著奇特、言談過分、愛出風頭，而令同事卻步。
五、過分討好上級而疏於和同事往來。
六、妨礙了同事獲取利益，包括晉升、加薪等可以受惠的事。

如果是屬於第一項、第二項，這情況也很自然，所謂「不招人妒是庸才」，能招人妒忌也不是丟臉的事。其實只要你平日對人的態度和藹親切，同事們將不難發覺你是一個老實人，久而久之便會樂於和你交往。

另外，你可以培養自己的聊天魅力，因為你的同事們最大愛好之一就是聊天，透過聊天可以改變同事對你的態度。

如屬第三項，那便是你本人的不幸，唯有等機會向同事表示，自己應徵主要是喜愛這份工作，與雇用你的人無關，與他更不是皇親國戚的關係。只要同事瞭解到你不是公敵派來的「密探」，自然會歡迎你。

如果是屬於第四項、第五項，那你便要反省一下，因為問題是出在你自己身上，如果想讓同事改變看法，唯有自己做出改善。平時不要亂發一些驚人的言論，要學會當聽眾，衣著也應切合身分，既要整潔又要不招搖，過分突出的服裝不會為你帶來方便，反而會令同事們把你當成敵對目標。

如果是屬於第六項，你就要注意你做事的分寸。能夠獲利當然令人嚮往，但做人不要把利看得太重，更不要和同事爭名奪利。人們常說該是你的推也推不掉，不該是你的搶也搶不來。明白了這個道理，還有什麼可爭的呢？

在遇到這類事情時，該讓就讓。雖然你這次吃了虧，但以後會得到補償的。塞翁失馬，因禍得福，眼前看來不是好事，誰說將來就不會有好的結果呢？

如何看出自己是不是遭到排擠呢？

在公開場合，大家正開心地天南地北談笑，當你走近時，氣氛霎時凍結，個個噤若寒蟬，讓你覺得相當尷尬，你也無從知道原因，只有自己瞎猜；此外，如果大家在會議上談事論理，你明明知道自己的分析中肯有理，但是卻無法獲得共鳴，似乎只有自己孤軍奮鬥，這樣的態勢如果沒有特別原因，那麼必是遭到排擠了。

另外還有一個觀察的方法：

例如，同事之間總有一些應酬，但是怎麼算都少了你，平日一些送往迎來的交際，你常常不經意地被遺忘，這樣的「排外」，不說你也知道怎麼回事！只是錯在不在你身上就不一定了。

受排擠的時候要鎮定，要繼續有條不紊地做自己的事，並採取一些必要的措施來消除排擠你的人對你的敵意。

此外，你也要注意做事的分寸，在必要的時候保護和捍衛自己的利益。面對排擠，懦弱是無用的表現。你可以忍耐，但必須有自己的底線。一味忍耐的結果，就是讓你成為辦公室的受氣包和可憐蟲。遭人排擠，應對方法有：

方法一：寬容對待

見到同事排斥自己，就採取以牙還牙的反排斥手法：或指責人家吃不到葡萄說葡萄酸，或乾脆不理睬同事，拒同事於千里之外……凡此種種，都是不明智的，只會進一步激化矛盾，置自己於孤立無援的境地。要仔細分析自己遭同事排斥的原因，即使斷定他們完全是嫉妒性的排斥，也不要氣急敗壞，要讓同事有一個認可和接納的過程。

要相信，隨著時間的流逝，只要自己確實有真本事，有良好的品格，同事最後就一定會愉快地接納自己的。在同事排斥你時，你可能感到委屈，這是正常的。但你應該把它埋藏在肚子裡，不用專門去解釋，有些事情是越解釋越不清楚，越解釋越可能走向反面。

方法二：與上司保持適當距離

自己因才華出眾而獲得上司的賞識，這表示上司是有識之士；反過來說，這也是自己應該得到的，是公平和公正的體現。作為下屬，要正確地看待上司的賞識，不要把上司的賞識看作是一種恩賜，不要奴才似的老是感激涕零，不要過分地去親近上司。

因為過於親近、過分感激，很容易讓人誤認為你是因奉承而得到賞識的。自己有才華，並在努力為公司服務，得到上司的賞識是完全應該的。只有這種心態才是正確，也只有這種心態才能獲得同事的讚賞。

方法三：保持一顆平常心

正確看待自己的才華，不要因為得到上司賞識而自以為了不起就趾高氣揚，頤指氣使。要看到自己的短處，多想想別人的長處。要清楚地認識到，你有你的才華，他有他的本領；你有被賞識的時候，別人也有被賞識的時候。

即使你確實比別人有本事，也不要把本事當作驕傲的本錢。有些人之所以遭到同事的排斥，就是因為尾巴翹得太高，根本不把同事放在眼裡；有些人則是思想觀念有問題，以為現在只要上司看中就行了；有的人自己是下屬，卻視同事為賤民，這都是錯誤的。應該說，在一個公司裡，得到上司的賞識和得到同事的賞識是同樣重要的。

方法四：以人品和才華取得認同

當受到上司賞識而遭到同事排斥時，最好的策略就是不當一回事，既不過分看重賞識，也不過分看重排斥，而是努力用自己的人品和傑出的才華來說話，用事實讓上司和同事都賞識你。

有些人的思維方式比較奇特，他們在得到上司的賞識、遭到同事的排斥時，就用貶損上司的方式來求得緩衝或排解，以為只要自己說上司不好，就能得到同事的諒解。於是，有些人就故意在背後貶損上司。但這是很愚蠢的表現，不要以為這樣就可以被同事接納，恰恰相反，很可能遭到更大的排斥，因為同事會認為你是一個不識好歹的人。如果這些話傳到上司的耳朵裡，那就可能落個兩頭不討好的結局，最後倒楣的還是自己。

職場經驗談

受排擠的時候要鎮定，要繼續有條不紊地做自己的事，並採取一些必要的措施，來消除排擠你的人對你的敵意。

05 處理不好與小人的關係就會吃虧

與小禎一起合作的部門同事胡小姐最愛告黑狀。前不久，與她一起合作的劉小姐有幾天沒來上班，她就對老闆說劉小姐濫賭了幾天，所以才沒來上班……據多方觀察，小禎感覺胡小姐開始有意針對她，並時不時地在背後使壞了。為此小禎甚是擔心，很害怕哪天就讓這個小人給坑了。那麼，該如何妥善處理和「小人」的關係呢？

應對笑裡藏刀的「小人」：滴水不漏

這種笑裡藏刀的人最可怕。平時和你「甜哥哥、蜜姐姐」地叫著，待到你放鬆戒備的時候，在暗處狠狠地捅你一刀。

在辦公室裡，笑裡藏刀是小人常用的計謀。小人在和同事交往過程中，外表看來顯得很溫和謙恭，面帶微笑，很是大度；但實際上並非如此，他們大多氣量狹小，喜歡猜忌，陰險狠毒。

總之，小人們利用此計，目的是想讓對手服從自己，在自己設計好的圈套裡行事，以此達到自己獲得利益的真正企圖和目的。

上司最近不斷找你談話，準備委派你承擔一項新的工作，這不但意味著上司對你的賞識，而且意味著你馬上就可以升職。消息不脛而走，很多人對你羨慕不已。事隔幾日，你感覺周圍的氣氛開始有些異常，每個人都在悄悄地議論著什麼，當你千方百計瞭解到真相時，你的怒氣簡直要衝破天。不知是誰無中生有地傳播了許多對你不利的謠言，諸如「道德敗壞」、「家暴」等，上司在「輿論」的影響下，決定收回成命，改派另一個人去做那份工作。你的解釋顯得蒼白無力。

應付這種人並不難，表面上跟他維持友好關係，但暗地裡卻要防範他，一切與他有關的公事決策彙報均要召開會議，並請來相關人士出席；其他公事上的情報則一律採取避而不談的策略，同時與他的交往只限於公事，個人隱私甚至其他同事的是非一概守口如瓶，只要你能做到滴水不漏，他便找不到縫隙向你下手了！

應對口蜜腹劍的人：微笑著打哈哈

如果不幸你的同事是這種人，最簡單的應付方式是冷漠地裝不認識他。每天上班見面，如果他硬要往你身邊湊，你就找藉口馬上躲開。能不合作做同一件工作，就儘量不要和他一起做，萬一避不開，就要學著寫日記，留下工作記錄以備不測。

如果不幸他是你的老闆，你要裝得有一點反應遲鈍的樣子，他要你做事情，你唯唯諾諾滿口答應。他笑著和你談事情，你笑著猛附和，可能笑著笑著你就會發現，他要你做的事情實在太毒了，這時你不能當面拒絕或翻臉，只能笑著推諉，誓死不接受。

如他是你的部下，只要注意三點：

其一，找獨立的工作或獨立工作位置給他。

其二，不能讓他有任何機會接近上面的主管。

其三，對他表情保持嚴肅，不帶笑容。

應對挑撥離間的人：謹言慎行

也許你和桌對面的同事常常因為做事的方式而爭吵幾句。日積月累，心裡互不服氣，有時竟鬧得大聲吵起來，互相指責對方的不是。當你還憤憤不平時，旁邊一位同事前來安慰你，對你的優點大加讚賞，指責和你吵架的那個人無理取鬧、不知進退。並且偷偷告訴你，那個人曾經背後拆你的臺，向上司告你的狀。稍稍平息的你聽了這番話後，怒火一下子湧到了腦門，不由分說，找到對面的那位同事「理論」，對方也毫不示弱。整個辦公室都無法工作，致使上司匆匆趕來平息這場亂子……

對於這樣的人，最佳方法是在幾小時工作時間以外跟他們保持距離，並切記言行要謹慎，避免有任何「把柄」給他抓著，可能的話，可以聯合其他同事一起孤立他，讓令他變得勢單力薄。

這類人好生事端，遇上與你無關的事情或言談，切莫提意見或妄下斷語；要是事件與你有關的亦只宜保持低姿態，所有公文必須備足手續，要做報告的話，最好將事件始末以白紙黑字呈報上級，是與非就由他去裁決好了，當然別忘了維護你的風度，事後也應保持緘默。

應對戴著面具的「假好人」：揭開他的真面目

這種人，整天面帶笑容，見人十分客氣，表現得特別友好。暗地裡，卻使出手段造你的謠、拆你的臺。這種戴著面具的「好人」，往往容易讓人「挨了他一巴掌，還會朝他笑」，「把你賣了，你還在幫他數錢」，因為許多人根本就不知道這一巴掌正是他打來的，也不知道把你賣了的人就是他。

這類「好人」的特點是，在一定場合總是主動和你打招呼，甚至對你稱兄道弟，表現出十分的熱情，為了博取你的歡心，他還會順著你的話滔滔不絕地說下去。只要留心觀察，身邊的此類人是不難辨認的。

這種人如果和其他人發生了利害衝突，他會不顧一切地去爭取他那一份微小的利益。這時候，他的面具自然就會脫落，露出真實的面目。

應對尖酸刻薄的人：持適度距離

尖酸刻薄型的人特點是和別人爭執時往往挖人隱私不留餘地，同時冷嘲熱諷無所不至，讓對方自尊心受損，顏面盡失。這種人平常以取笑、挖苦別人為樂事。

你被上級批評了，他會說：「這是老天有眼，罪有應得。」你和別人吵架了，他會說：「一個巴掌拍不響，兩個都不是好東西。」你去糾正部下，被他知道了，他也會說：「有人惡霸，有人天生賤骨頭，這是什麼世界？」

尖酸刻薄型的人，天生得理不饒人，尖牙利嘴。由於他的行為離譜，因此基本沒有什麼朋友。他之所以能夠生存，是因為人們懶得理他。但如果有一天遭到眾怒，他也會被治得很慘。

遇見這種人，最好和他保持適度的距離，不要招惹他。萬一「撞」上了他，要麼吃點小虧，當沒聽見轉身走人，要麼使用一點技巧，使他有口難開，不敢再惹你。

與小人合作辦事，需要注意的是：

一、切忌得罪他們。一般來說，「小人」比「君子」敏感，心裡也較為自卑，因此你不要在言語上刺激他們，也不要在利益上得罪他們，尤其不要為了「正義」而去揭發他們，那只會害了你自己！自古以來，君子常常鬥不過小人，因此小人為惡，讓有力量的人去處理吧！

二、切忌有利益瓜葛。小人常成群結黨，霸佔利益，形成勢力，你千萬不要想靠他們來獲得利益，因為你一旦得到利益，他們必會要求相當的回報，甚至如口香糖那般黏著你不放，想脫身都不可能。

三、切忌與其過分計較，吃些小虧也無妨。「小人」有時也會因無心之過而傷害你，如果是小虧，就算了，因為你找他們不但討不到公道，反而會結下更大的仇。所以，原諒他們吧！

四、切忌和小人們過度親近。保持淡淡的人際關係就可以了，但也不要太過疏遠，好像不把他們放在眼裡似的，否則他們會這樣想：「你有什麼了不起？」於是你就要倒楣了。

五、切忌與其隨便談話。說些「今天天氣很好」的話就可以了，如果談了別人的隱私，談了某人的不是，或是發了某些牢騷不平，這些話絕對會變成他們興風作浪和有必要整你時的資料。

職場經驗談

人性叢林太大太複雜，什麼「鳥」都有。不依附小人，也不要得罪小人！現實生活中處處都存在「小人」，若處理不好與「小人」的關係，你就常常會吃虧。

06 捧人捧上天，就能常常吃飽飯

在這個社會上，會捧人的人，肯定比較吃香，辦事順利也順理成章了。當一個人聽到別人捧他時，心中總是非常高興，臉上堆滿笑容，口裡連說：「哪裡，我沒那麼好。」「你真會講話！」即使對方明知你有意捧他，卻還是無法抹去心中的那份喜悅。

愛聽別人吹捧是人的天性，虛榮心是人性的弱點。當你聽到對方的吹捧和讚揚時，心中會產生一種莫大的優越感和滿足感，自然也就會高高興興地聽從對方的建議。要想在辦事時求人順利，就要澄清自我的主觀意識，儘快地養成隨時都能捧別人的習慣。

俗話說「習慣是人的第二天性」、「習慣成自然」，當捧別人已經變成你的習慣時，你的辦事能力就會相應提高。當然，捧別人一定要合宜。那麼，如何不露痕跡地把別人哄得舒舒服服的呢？

有一位富翁，年紀大了，自己知道將不久人世。他回顧一生，想想有什麼未了的事，忽然想到在保險櫃裡，還有很多親戚朋友的借據。這些錢已經借出多年，那些親友依然貧困，他們既沒有能力還錢，也不可能還錢了。

為了避免日後子孫的困擾，富翁決定在臨終前，自己處理這批債務。他約集了所有欠債的親友，自己倚在床邊的靠背上，床前擺著取暖的炭爐，爐火燒得正旺。富翁手拿大疊借據，對欠債的親友說：「我自知時日不多，也知道你們欠我的錢沒有能力償還，為了避免後代困擾，今天你們只要真心說一句感激的話，我就把借據當面燒掉，從此就不相欠了。」從欠債最少的開始。

第一個人說：「來世我願做您的僕人，為您灑掃庭院。」富翁將那個人的借據在炭爐裡燒了。

接著有人說：「來世我將變雞、狗，為您司晨守夜。」富翁微笑著將那人的借據燒了。

還有人說：「來世我將做牛做馬，為您耕田拉車。」富翁笑著，把一張借據燒了。

又有人說：「來世我願做您的兒孫，永遠孝您順您。」富翁開懷大笑，燒了借據。

他們一一說出內心感激的話，富翁也感到滿意，到了最後，只剩下一個欠債最多的人，他誠惶誠恐地上前說：「來世，我一定要做您的爸爸。」

富翁聽了非常生氣，反問他說：「你為什麼不感謝我，還反過來要當我爸爸呢？」

「老爺，您有所不知，這世間一切的債都有還清之日，只有兒女的債是永遠還不清的呀！」富翁笑了，燒掉最後一張借據，在床上安然而逝了。

現實生活和工作中，欠債之事雖不能像故事中那樣因為一個「捧」字一筆勾銷，但它還是能讓我們明白「捧」的巨大作用。會捧往往能讓我們做事容易許多。但是，只是會捧還不夠，還要找對捧的對象，這樣才能達到事倍功半的效果。杜月笙的發跡就是這樣。

一開始，杜月笙只是黃金榮門下的一名僕役，混在傭人之中，生活倒也安穩。但他不甘為人下，立志要飛黃騰達。因此，杜月笙「眼觀六路、耳聽八方」，處處謹慎，把分配給自己的活做得又快又好，怎奈地位太低，還拍不上黃金榮的馬屁。好在他常與黃金榮的貼身奴僕常常接觸，靠此機會，百般討好，黃公館上上下下對他都有好感。

有一次，黃金榮的老婆林桂生得了病，經久不好，求神拜佛，占卦問卜，提出要年輕力壯的小夥子看護，據說可以取其陽氣，以鎮妖邪，杜月笙是被選中的一個。這個時候，黃金榮正寵愛林桂生，杜月笙善於察言觀色，又善於動腦筋，馬上想到這林桂生的枕頭風不亞於颱風中心，威力宏大，拍不上黃金榮的馬屁，拍林桂生的馬屁更有效，何況，異性相吸，這馬屁又容易拍些。

於是，杜月笙「衣不解帶，食不甘味」，十二分盡力侍候林桂生，別人照顧，無非是隨叫隨到或陪坐一旁，杜月笙則全神貫注，殷勤備至，不但照顧周到，而且能使林桂生擺脫煩惱，心情歡快，林桂生往往尚未開口，他已知道林桂生要什麼東西，林桂生想到的，他想到了，有些林桂生沒有想到的，他也想到了，把林桂生服侍得心花怒放，引他為貼己心腹，連背著黃金榮在外面用「私房錢」放債等事也交給他經管。

在林桂生枕頭風的吹動下，黃金榮終於將當時法租界的三大賭場之一——公興俱樂部交給杜月笙經管。一匹「千里馬」終於借助「捧」的本領能奔蹄疾馳，從此杜月笙逐漸發跡上海灘。

由此可見，「捧」字道出多少世故人情。所以，潤為人，莫忘合宜捧人，捧來的實惠不可估量。

職場經驗談

愛聽別人吹捧是人的天性，虛榮心是人性的弱點。捧別人一定要合宜。太明顯地吹捧他人，往往會引起他人的反感和猜忌，讓他對你有所防備，結果適得其反。

07 欣賞別人才能被別人欣賞

一個團體當中有形形色色的人，有的人有快樂的天性，能夠給他人帶來笑聲；有的人非常善解人意，與之交談總有如沐春風的感覺；有的人則擁有淵博的知識，隨意的交流總能帶給他人驚喜，使聽者獲得更多的知識……

明德上大學時，班上有個很會欣賞別人的同學，常能聽到他稱讚別的同學。那時，明德覺得這個同學實在庸俗，年紀輕輕去哪學得如此世故，搞這些「阿諛奉承」，真是無聊。

不過這個「庸俗」的同學在班上人緣極好，在競爭意識很濃、誰對誰都不服氣、彼此講究「封鎖」的氛圍裡，這位同學似乎是個例外，他如魚得水，能夠和大多數同學相處得很融洽。更讓人刮目相看的是，這位同學的成績由入學時的墊底位子一路飆升。

到了畢業時，他已是年級的前幾名了。即使這樣，明德還是能聽到他對別人的讚揚。後來他們又分到了同一個單位，別看這位同學其貌不揚，但卻特別會處事：見到誰都打招呼，好像早就是熟人似的，而且總聽他讚揚人，一副謙虛的樣子。同事芝麻一點事兒，他都愛幫忙。

他來了不到一年，不但得到長官的首肯，許多同事，尤其是年長的同事也都很喜歡他，許多諸如學習培訓、參觀考察的「美差」都落到他的頭上。年底，他還被評為優秀員工。而明德他們這些平時工作勤勤懇懇、自恃「清高」的人卻什麼也沒得到，他們都覺得實在太不公平！

與其說這個男孩的成功是「阿諛奉承」，不如說是由於他真心欣賞他人的優點成全了他。因為靠「偽稱讚」是無法獲得那麼多人認可的，唯有出於真誠的欣賞才會有此結果。

有一次，德魯克在紐約的第三十三街和第八街交叉的那家郵局排隊寄一封掛號信。德魯克發現那位管掛號的職員，對自己的工作感到很不耐煩——秤信件、賣郵票、找零錢、發收據，年復一年重複工作。因此德魯克對自己說：「我要使這位仁兄喜歡我。顯然，要使他喜歡我，我必須說一些好聽的話，不是關於我自己，而是關於他。」

所以德魯克就問自己：「他真有什麼值得我欣賞的地方嗎？」有時候這是個不容易回答的問題，尤其是當對方是陌生人的時候。但這一次碰巧是個容易回答的問題，德魯克立即就看到了他值得自己欣賞的一點。因此，當他在稱德魯克的信件的時候，德魯克很熱情地說：「我真希望有你這種髮質。」他抬起頭，有點驚訝，臉上露出微笑。

「嗯，不像以前那麼好看了！」他謙虛地說。

德魯克對他說，雖然他的頭髮失去了一點原有的光澤，但仍然很好看。他高興極了，他們愉快地聊了起來，而他對德魯克談的最後一句話是：「相當多的人稱讚過我的髮質。」德魯克敢打賭，這位仁兄當天出去吃午飯的時候，走起路來一定是飄飄欲仙的。

德魯克曾公開說過這段經過。事後有人問德魯克：「你想從他那裡得到什麼呢？」

德魯克想從他那裡得到什麼？

如果我們是如此自私，一心想從別人那裡得到什麼回報的話，我們就不會給予別人一些快樂、一點真誠的讚揚——如果我們的氣度如此狹小，就會罪有應得地失敗。

是的，德魯克是想從那位仁兄那裡得到什麼，德魯克想要一件無價的東西，並且得到了，德魯克得到了這種感覺，就是自己為他做了一件事，而他又無需回報。這是一種當事情過去很久，還會在你的記憶中閃耀的感覺。

人類的舉止，有一項最重要的法則。如果遵循這項法則，我們幾乎永遠不會出問題。事實上，如果遵循這項法則的話，就會給我們帶來無數的朋友和無限的幸福。但是一旦違反了，就會惹上無盡的麻煩。這項法則就是：「學會欣賞他人的優點，並認可他人的成就。」

林肯曾在一封信中這樣說，「人人都喜歡受人稱讚」。哈佛大學心理學教授詹姆斯也說過：「人類天性的本質就是渴望受人重視。」他不用「希望」、「要求」，或是「盼望」等字眼，而是用「渴望」來形容它，這足見人們對它的重視程度。時至今日，這仍是一種亟待解決的人類需求，只有少數人懂得滿足人類這種內心渴望，並藉此將他人掌握在自己手中。

林肯在信中寫道：「我的童年是在密蘇里州度過的，父親養了幾隻品種優良的杜羅吉大豬和一頭良種的白牛。我們多次帶著豬和牛參加美國中西部一帶的家畜展覽，並且數次獲得特等獎。父親精心的把特等獎藍帶別在一塊白色絨布條上，有機會便拿出來向人炫耀。

豬和牛並不在乎贏來的藍帶所顯示的榮譽，但父親卻不然，因為那滿足了他『渴望被人重視』的慾望。」就是這種希望被重視的渴望，促使一位從未受過教育、極度貧苦的人專心致志去學習法律，後來，他終於成為了全美當時最有名望的人。

歷史上，也有許多名人關於獲得這種渴望的趣事。喬治·華盛頓也喜歡人家稱呼他「美國總統閣下」；哥倫布請求女王賜予「海軍大將」的頭銜；凱薩琳女皇拒絕接受沒有注明「女皇陛下」的信件。一九二八年，好幾個百萬富翁不惜財力資助貝爾德將軍到南極大陸探險，附加條件就是，那些封凍的山嶺要用他們的名字命名。作家雨果甚至希望有朝一日巴黎能改名為雨果市。就連著名的戲劇家莎士比亞，也以自己的家族獲得一枚象徵榮譽的徽章為榮。

幾千年來，哲學家一直在推測人性關係的規則，而從推測中，只匯出了一條重要的箴言。這條箴言並不是創新的。梭羅亞斯特早在三千年前就把它教給拜火教徒了。

孔夫子也於兩千五百年前就在中國宣揚它了。道教始祖老子，也把它教給了他的門生。釋迦牟尼於耶穌誕生前五百年，在聖迦河岸宣傳過它。印度教的經文典籍，在這之前一千年，就傳播過它。耶穌在十九世紀之前，在崎嶇的巨狄亞石山上，就這樣教導過他的信徒。耶穌把它歸納成一句話：「己所欲，施於人。」既然我們非常想獲得別人的欣賞和認可，為何不慷慨點先將讚美送給周圍的人們呢？

職場經驗談

孔子說「三人行必有我師焉」，每個人都有屬於他自己的長處、特長。我們不可能是全才，也不可因為我們具備了某方面的才能而夜郎自大。每個同事都有值得我們肯定與學習的地方，沒有一個完全一無是處的人。

08 信任能夠架起溝通的橋樑

人與人之間的溝通能否達到一定的效果，是建立在相互之間的信任度基礎之上的。單位裡的每個成員之間需要共同合作攜手做事，必要的信任是溝通的橋樑。

楚國有個著名的畫家叫郢人，有個著名的石匠叫匠石。一天，郢人為神像著色，鼻子尖上沾了點白泥巴，連忙喊來匠石：「快，把我鼻尖上這點白泥巴用利斧削去吧！」匠石點頭，揮起手中的利斧。「使不得！使不得！」一位老人嚇得跌跌撞撞地跑過來，攔住了匠石。又對郢人說：「萬一他一失手，你的鼻子可就再也長不出來了！」郢人微微一笑：「老先生請放心，我對我的朋友很有信心，是不會有萬一的。」

說完，郢人氣定神閒地對匠石說：「朋友，請吧！」匠石立刻在眾人的驚呼聲中，胸有成竹地揮起大斧，「刷」的一道白光閃過，只見郢人鼻尖上的白泥巴已被削得一乾二淨，鼻子卻絲毫無損。

朋友、情侶、同事、上下級，都需要相互信任，不僅要像上面的郢人一樣信任對方的能力，更要信任對方的人品。

唐太宗是一代名主，他與部將尉遲恭之間的相互信任，使得他們的通力合作更加有效，並傳為美談。隋唐時期最有名的戰將之一尉遲恭，字敬德，原為宋金剛的部下，西元六二〇年四月，宋金剛兵敗逃命，尉遲恭等人被迫投降了李世民，一同投降的將領及宋金剛的部下士卒在夜間偷偷地逃走了。

這樣一來，唐營裡都指著尉遲恭竊竊私語。屈突通、殷開山等幾人，害怕尉遲恭逃跑，為唐留下後患，就把尉遲恭捆了起來，然後跑去對李世民說：「尉遲恭驍勇絕倫，天下無敵，日後必為唐之大患，必須及早除之。現我等已乘其不備把他捆了起來，聽候您的發落。」

李世民聞言大驚：「你們可知道，尉遲恭如果要叛變，他怎麼可能落後於他人呢？現在他人叛而敬德留，足見尉遲敬德毫無叛心啊！」說完，趕忙走到尉遲恭面前，親手為其解開了繩索，並把他引到了自己的臥室，拿出一箱金子相賜，說：「大丈夫只以意氣相待，請不要為小事介懷。如果將軍不願意留在這裡，這箱金子可作為路費，略表我的心意。當然，我是怎麼也不會因讒害正，更不會強留不願與我交朋友的人。」

尉遲恭聽李世民如此一說，聲淚俱下，立刻拜道：「大王如此相待，恭非木石，豈不知感，誓為大王效死，厚贈實不敢受。」

李世民忙扶起他說：「將軍果肯屈留，金不妨受。」

尉遲恭仍舊推辭，李世民便說：「先收下，作為以後有功時的賞賜吧。」

第二天，李世民帶了五百騎兵巡視戰場，突然遭到王世充騎兵的包圍追殺。王軍人數超過萬人，帶隊的又是大將單雄信，單是隋唐時名將，慣用長槊，緊緊地纏住李世民不放。李世民眼看就要被生擒，正在這性命攸關的緊急關頭，突然一員猛將飛馳而至，衝開層層包圍，把李世民從刀槍叢林中救了出來。此人正是眾人皆疑獨李世民信任的尉遲敬德。

李世民回營後對敬德說：「眾將疑公必叛，我謂公無他意，相報竟這般快速？」再把昨夜那箱金子相賜，尉遲恭這才收下。經此事變以後，尉遲恭幾乎成了李世民的貼身侍衛，每次征戰都寸步不離。李世民好冒險，總喜歡把最勇猛的將領組成一支突擊隊，在敵軍陣中左衝右突，以挫敵銳氣或打亂敵人陣腳，每次尉遲敬德都參加了突擊隊。尉遲敬德也以能加入這支冒險隊伍為榮，感激李世民的信任，對李世民更加忠誠，決心以死來報答李世民的知遇之恩。

唐朝統一中國之後，皇宮內部爭奪皇位的鬥爭越來越激烈。李世民的哥哥李建成被立為太子，但他怕功勞蓋世、戰將如雲的李世民與他爭奪太子之位，便聯合三弟李元吉企圖刺殺李世民。可是，李建成又十分害怕李世民的大批戰將和護衛，尤其是和李世民形影不離而武功絕世的尉遲敬德。李建成深知尉遲恭是除掉李世民的最大障礙。於是他就採取了分化瓦解政策。

有一天李建成派人送給尉遲恭一車金銀珠寶，尉遲恭堅決辭退：「敬德出身微賤，久陷逆地，幸虧秦王提拔得有今日，現欲酬報秦王知遇之恩，尚未有好機會，若取太子禮，我報恩更報不過來了……」李建成等見金銀珠寶並不能收買尉遲敬德，便又施一計，準備以北討突厥為名，要調尉遲敬德作先鋒，由李元吉帶領離開長安。並決定在大軍出發前，趁尉遲恭不在李世民身邊時突然行刺以便除掉李世民。

尉遲敬德在探知這一情況後，便與其他謀臣一起勸說李世民先下手為強，李世民率先發動玄武門事變，尉遲敬德協助李世民，捕殺了李建成和李元吉，並親手割下兩人的首級，假傳聖旨斥退李建成等人佈置的軍隊，然後冒險執槊闖到李淵面前，逼迫李淵立李世民為太子。就這樣，李世民在尉遲敬德等人的協助下，終於順利地登上了太子之位，不久便做了皇帝。

職場經驗談

人們之間的相互信任可以產生巨大的力量，但若互相猜忌那麼就會種下禍根。只有信任別人，別人才會對你也充滿信賴感，否則誠信的交流從何而來呢？

09 溝通時多用「我們」這個詞

新婚燕爾，新娘對新郎說：「從此以後，就不能說『你的』、『我的』，要說『我們的』。新郎點頭稱是。

一會兒，新娘問新郎：「親愛的，我們今天去哪啊？」新郎說：「去我表姐家。」

新娘就不高興了，糾正說：「是去我們表姐家。」

新郎去洗手間，很久了還不出來。

新娘問：「親愛的，你在裡面幹嘛啊？」

新郎答道：「我在刮我們的鬍子。」

這雖然只是一則笑話，可是它體現了一個問題，即「我們」這個詞可以製造彼此間的共同意識，拉近雙方的距離，對促進人際關係將會有很大的幫助。

曾經有過一位心理學家做了一項有名的實驗，就是選編了三個小團體，並且分派三人飾演專制型、放任型、民主型的不同領導人，然後對這三個團體進行意識調查。

結果，民主型領導人所帶領的這個團體，表現了最強烈的同伴意識。而其中最有趣的，就是這個團體中的成員大都使用「我們」一詞來說話。

經常聽演講的人，大概都有過這樣的經驗，就是演講者說「我這麼想」，不如說「我們是否應該這樣」更能使你覺得和對方的距離接近。因為「我們」這個字眼，也就是要表現「你也參與其中」的意思，所以會令對方心中產生一種參與意識，按照心理學的說法，這種情形是「捲入效果」。

小孩子在玩耍時，經常會說「這是我的東西」或「我要這樣做」，這種說法是因為小孩子的自我顯示欲直接表現所造成的。但有時在成人世界中，也會出現如此說法，而這種人不僅無法讓對方有好印象，可能在人際關係方面也會受阻，甚至在自己所屬的團體中，形成被孤立的場面。

事實上，我們在聽別人說話時，對方說「我」、「我認為……」帶給我們的感受，將遠不如他採用「我們……」的說法，因為採用「我們」這種說法，可以讓人產生團結意識。

人的心理是很奇妙的，說話時，往往說「我」和「我們」，給人的感覺卻完全不同。在開口說話時，我們要注意這樣的細節，多說「我們」，用「我們」來作主語，因為善用「我們」來製造彼此間的共同意識，對促進我們的人際關係將會有很大的幫助。

「我」在英文裡是最小的字母，千萬別把它變成你語彙中最大的字。

一次聚會，有位先生在講話的前三分鐘內，一共用了三十六個「我」，他不是說「我」，就是說「我的」，如「我的公司」、「我的花園」等等。隨後一位熟人走上前去對他說：「真遺憾，你失去了你的所有員工。」

那個人怔了怔說：「我失去了所有員工？沒有呀？他們都好好地在公司上

班呢！」

「哦，難道你的這些員工與公司沒有任何關係嗎？」

亨利·福特二世描述令人厭煩的行為時說：「一個滿嘴『我』的人，一個獨佔『我』字、隨時隨地說『我』的人，是一個不受歡迎的人。」

在人際交往中，「我」字講得太多並過分強調，會給人突出自我、標榜自我的印象，這會在對方與你之間築起一道防線，形成障礙，影響別人對你的認同。因此，會說話的人在語言傳播中，總會避開「我」字，而用「我們」開頭。

以下的幾點建議，可供借鑑。

一、儘量用「我們」代替「我」。很多情況下，你可以用「我們」一詞代替「我」，這可以縮短你和大家的心理距離，促進彼此之間的感情交流。例如：「我建議，今天下午……」可以改成：「今天下午，我們……好嗎？」

二、這樣說話時應用「我們」開頭。在員工大會上，你想說：「我最近做過一項調查，我發現四十%的員工對公司有不滿的情緒，我認為這些不滿情緒……」如果你將上面這段話中的三個「我」字轉化成「我們」，效果就會大不一樣。說「我」有時只能代表你一個人，而說「我們」代表的是公司，代表的是大家，員工們自然容易接受。

三、非得用「我」字時，以平緩的語調淡化。不可避免地要講到「我」時，你要做到語氣平淡，既不把「我」讀成重音，也不把語音拖長。同時，目光不要逼人，表情不要眉飛色舞，神態不要得意洋洋，你要把表述的重點放在事件的客觀敘述上，不要突出做事的「我」，以免使聽的人覺得你自認為高人一等，覺得你在吹噓自己。

職場經驗談

人心是很微妙的，同樣是與人交談，但有的說話方式會令對方反感，而有的說話方式，卻會令對方不由自主地產生妥協之心。

10「順毛摸」能使你有個好人緣

愛撫寵物最基本的方法就是順著牠的毛輕撫，每當主人有這個動作時，貓就會瞇起眼睛，並發出滿足的叫聲；狗呢，就快樂地搖起尾巴，甚至回過身來舔你的手、你的臉作為對你的回應。如果逆著毛摸呢？貓狗因為感覺不舒服，就算不咬你抓你，也會不高興地跑開。

上司其實也是如此，喜歡別人順著「毛」摸，如果你能這麼做，那麼必然會與他建立良好的人際關係。人當然沒有一身的「毛」讓你撫摸，人的「毛」就是性情、脾氣，你如果能順著對方的脾氣與愛好和他交往，投其所好，他當然會和你成為好朋友。

「順毛摸」只是手段而不是目的，它是一種特殊的「捧」，運用的好可以事半功倍。脾氣再大，城府再深，主觀再強的人也吃不消這一招。

一個夏日的上午，世界著名的巴黎希爾頓飯店來了一位女士，她直奔服務臺，預定了一個豪華的套房，辦好手續後便轉身離開，到市內觀光去了。

在美國女士離開之時，飯店經理注意到了這位女士穿戴極有個性。她身上穿的衣服，手拎的皮包，連頭上戴的帽子都是鮮紅色，足見這位女士對鮮紅色特別偏愛。飯店經理靈機一動，有了一個好主意。他馬上召集服務小姐，讓她們以最快的速度重新佈置那位女士預訂的豪華套房，將整個套房的地毯、壁毯、燈罩、床罩、沙發窗簾等全換成那種鮮紅色。

女士觀光回來，推開自己預定的套房，驚奇地發現整個套房的色調竟是自己喜歡的鮮紅色，頓覺欣喜無比。第二天，美國女士面帶微笑地交給服務小姐一張一萬美元的現金支票，並說以後有機會再到巴黎，一定再住希爾頓。希爾頓飯店經理正是由於能順著顧客的「毛」摸下去，取得了巨大的經濟利益。

達威爾諾先生原想為紐約一家旅館供應麵包。四年期間每星期他都去找旅館負責人。他甚至在旅館裡租了間房間住在那裡。不過，依然還是無法能談成。後來，達威爾諾先生說，「我考慮了人的相互關係的本質以後，我決定改變策略，弄清旅館負責人對什麼感興趣。我瞭解到，他是美國旅館服務員協會的成員。不僅是這個協會的成員，而且還是協會的主席。無論這個協會的代表大會在什麼地方開，即便是跋山涉水，漂洋過海，他也會出席。

於是，第二天見到他，我開始談起這個協會。結果如何？他非常開心地跟我談了半個小時。我一下子明白了，協會是他愛談的話題，是他的嗜好。當時，我壓根兒沒談到麵包的事。可是過沒幾天，旅館的財務管理員打電話給我，請我帶樣品和價目表去。

『我不知道，您和他在一起做了些什麼』，財物管理員對我說，『但是您可以相信，您現在可以和他達成協議了』。

想想吧！我想達成這個協定已經有四年了。假如我能早點不費勁地瞭解到這個人對什麼感興趣和他想談什麼的話，早就達成協議了。」

假若你想讓人喜歡你，應遵循的準則是：「談論使對方感興趣的東西。」

韋森先生專門從事將設計的草圖賣給服裝設計師或生產商的業務。三年來，他每星期或每隔一星期都去紐約拜訪著名的服裝設計師。「他從沒有拒絕見我，但也沒有買過我所設計的東西。」韋森說道，他每次都仔細地看過我帶去的草圖，然後說，「對不起，韋森先生，我們今天又做不成生意了！」

經過一百多次失敗，韋森想出一個由著設計師性子來的方法。他把幾張還沒有完成的草圖帶去見設計師，他對設計師說：「這裡有幾張尚未完成的草圖，可否請你幫助完成，以更加符合你們的需要？」設計師看了一下草圖，然後說：「把這些草圖留在這裡，你過幾天再來找我。」

三天以後，韋森回去找設計師，聽了他的意見後把草圖帶回工作室，並按照設計師的意見認真完成，最終達成了這項合作。後來韋森說：「我一直希望他買我提供的東西，這是不對的。後來我要他提供意見，他就成了設計人，我並沒有要把東西賣給他，他自己就買了。」

那天，韋普走到一家看來富有又整潔的農舍前去敲門。那時，戶主布拉德老太太只將門打開一條小縫。當她得知是電氣公司的推銷員之後，便猛然把門關上了。韋普再次敲門，敲了很久，大門儘管又勉勉強強開了一條小縫，但還來不及開口，老太太卻已毫不客氣地罵人了。

經過一番調查，韋普又上門了，等門開了一條縫時，他趕緊聲明：「布拉德太太，很對不起，打擾您了，我的訪問並非為電氣公司，只是要向您買一點雞蛋。」老太太的態度溫和了許多，門縫也開得大多了。

韋普接著說：「您家的雞長得真好，看牠們的羽毛長得真漂亮。這些雞大概是某種名種吧！能不能賣一些雞蛋給我呢？」

門縫開得更大了，裡面反問：「你怎麼知道是名種的雞呢？」

韋普知道，投其所好之計已初見成效了，於是更加誠懇而恭敬地說：「我家也養了這種雞，可是要像您養的這麼好，我還從來沒見過呢！而且，我家的雞只會生白蛋。附近大家也都說只有您家的雞蛋最好。夫人，您知道，做蛋糕得用好蛋。我太太今天要做蛋糕，我只能跑到您這裡來看看能不能跟您買一些……」老太太頓時眉開眼笑，高興的由屋裡走到門廊來。

韋普利用這短暫的時間瞄了一下四周的環境，發現這裡有整套的乳酪設備，斷定男主人定是養乳牛的，於是繼續說：「夫人，我敢打賭，您養雞的錢一定比您先生養乳牛的錢賺得還多。」老太太心花怒放，因為她丈夫長期不肯承認這件事，而她則總想把「真相」告訴大家，可是沒人感興趣。

布拉德太太馬上把韋普當作朋友，不厭其煩地帶他參觀雞舍。韋普知道，他的「順毛摸」之計已漸入佳境了。但他在參觀時，還是不失時機地發出由衷的讚美。

讚美聲中，老太太毫無保留地傳授了養雞方面的經驗，韋普則極其虔誠地充當學生的樣子．他們變得很親近，幾乎無話不談。讚美聲中，老太太也向韋普請教了用電的好處。韋普針對養雞需要詳細地予以說明。

兩星期後，韋普在公司收到了老太太的用電申請。不久，老太太所在地申請用電者源源不斷。原來，老太太已成為韋普先生的熱心幫手。

那麼，你也想知道如何使女人愛你嗎？告訴你個祕密吧。

一次，桃樂西跟一個騙了二十三個婦女的心並佔有了她們個人存款的人進行了談話。當她問他達到這些目的是用了什麼手段時，他回答說：「我沒有採取什麼狡猾的手段。我所採用的手段，歸結為一點，就是我跟女人談論時，談論的話題是她自己。」

這一點也同樣適用於男人。「跟男人談話時，談論的話題是他本身，」迪斯雷利說，「他將一連聽你講幾個小時。」

職場經驗談

你想引起人們的高興，應遵循的準則是：「順毛摸」努力使人感到他的尊嚴，讓他們甘心為自己付出。懂得了這一點，在與他人接觸時多運用順毛摸的方式，你的人際關係可能會更好。

Part 4

「長期生存下去要有的心機」

01 越是重臣越有可能死得快

春秋時期，越王勾踐手下有兩位重臣：文種和範蠡。勾踐被吳王打敗後，能夠東山再起，得益於這兩人的協助。

這其中文種的貢獻不可磨滅。當初，勾踐準備率兵抗吳的時候，文種認為時機還未成熟。可惜勾踐一意孤行，最終戰敗。文種又忍辱負重，多方奔走，促使吳王夫差答應不殺勾踐。勾踐作為人質，留在吳國服侍吳王三年。在這期間，文種代替勾踐在治理越國，打理朝政。文種一直盡心盡力，大力發展越國經濟，為越國後來的稱霸打下了堅實基礎。

在勾踐回到越國後，文種又向勾踐提出了破吳七策。勾踐採納文種的意見，勵精圖治，最終得以報仇雪恨，打敗吳國，迫使吳王夫差自殺。

勾踐伐吳勝利後，舉辦了慶功大會。大臣們都爭相祝賀，但勾踐卻沒有流露出太多的喜悅之情，相反的他還有些愁容，善於察言觀色的范蠡首先注意到了勾踐的變化。很顯然，勾踐不太樂意承認大臣們的功勞，他更擔心這些功臣們日後不好領導，對他們的猜忌之心也顯露無疑。足智多謀的范蠡權衡再三，決定急流勇退，他主動向勾踐提出要告老還鄉。儘管勾踐一再勸留，范蠡還是留下官印不辭而別。

范蠡臨走前，念及舊日情分，特意給文種寫了一封信，信中寫道：「還記得當初吳王夫差臨時的時候說過的一句話嗎？他說『狡兔死，走狗烹；敵國破，謀臣亡。』他其實是說給咱們聽的，越王的為人，你我都很清楚。他既能忍受屈辱，又很忌妒他人的功勞。這樣的人，只能共患難不能與共安樂。所以，我勸你也跟我一起退隱，不然只怕日後會遭遇不幸。」

文種看過范蠡的信後，不以為然，他覺得自己對越國的貢獻足以保證自己的安全。不過，他還是小看了越王勾踐的手段。勾踐深知文種的才幹，現在吳國已經滅掉，越國稱霸諸侯，文種的作用已經不大。像文種這樣的人才，一旦參與造反作亂，對勾踐將會構成極大的威脅。繼續任用文種的收益要小於留著文種的風險，所以，勾踐決定除掉文種。

有一天，勾踐親自去看望文種。談及往事，勾踐對文種說：「當年你有七條破吳計謀，我只用了其中的三條就消滅了吳國。你這還剩下四條計謀，將來準備用來對付誰呢？」文種聽出勾踐話中有話，又不敢貿然回答，只是低頭不語。勾踐也不多說，起身離開的時候，特意送給文種一把寶劍。

文種拿過寶劍，看到劍匣上刻有「屬鏤」二字，這才明白勾踐的意思。按當時的規矩，國君如果將刻有「屬鏤」字樣的兵器贈給大臣時，意思就是要這個大臣自殺。文種想起範蠡的告誡，只能長歎一聲：「不聽範蠡的勸告，終於落得如此下場，我太天真了！」說完，文種拔劍自刎了。

文種的死，暗合了夫差的預言。在中國數千年的歷史上，「飛鳥盡，良弓藏」的事情一直周而復始地上演著。明朝的開國皇帝朱元璋，可以說是這方面的典型代表。他手下眾多的功臣良將，沒有戰死沙場的，絕大部分都是被他一一除掉。

皇帝為什麼要殺掉自己的重臣，歷史學家自有一番見解。其實，在經濟學中，運用資訊經濟學的理論來分析重臣與皇帝間的關係，也能解答發現其中的奧祕。

資訊經濟學中有一個「委託——代理」理論：由於資訊的不對稱，代理人有多種類型，代理人知道自己屬於什麼類型，但委託人不知道，為了顯示出類型，代理人會選擇某種信號，委託人根據觀測到的信號來判斷代理人的類型，同代理人簽訂合約。這就是所謂的信號傳遞模型。

透過這個經濟理論，皇帝與大臣間的關係就刻有看作是一種「委託——代理」的關係。皇帝作為國家的所有者，雖然控制著國家的所有權，但他一個人是沒法直接治理國家的，他需要委託一個或數個代理人來幫助他治理國家。於是，皇帝會給予大臣們高官厚祿，要求他們勤奮工作，為自己效命。大臣們是否能夠勤奮工作，這屬於激勵機制，皇帝最關心的還是大臣們的忠心，擔心他們是否會造反。

對皇帝來說，江山的穩定是第一重點。大臣們瞭解皇帝和國家機制，他們是最有可能成為造反的力量。當然，並不是所有的大臣都會造反，於是皇帝就需要識別哪些大臣最可能造反，於是便會出現資訊不對稱的現象：大臣們清楚自己會不會造反，皇帝卻不知道誰忠誰奸。

根據資訊經濟學的理論，大臣們必須發出一個信號或皇帝必須用一個信號來區分看忠臣和奸臣。在一般的經濟活動中，由於每種經濟活動的成本和收益不同，可以根據一個信號制定出分離條件。但造反這樣的事卻很特殊，當皇帝的收益太高，以至於任何成本都值得付出，皇帝用來識別忠奸的信號就比較模糊，尋找分離條件的困難程度大大提高。

於是，皇帝就會陷入這樣的困境：他無法從大臣中分離出忠臣和奸臣，但他又必須保證自己的江山能夠千秋萬代。這個時候，皇帝只有用一種非常規的分離信號來進行識別：有能力造反的和沒有能力造反的。

有些開國重臣在交出兵權後仍會被殺，這也可以用經濟學理論來解釋。重臣除了擁有職位、兵權這些有形資產外，還有聲望、才能、人際關係等無形資產。即使交出了有形的兵權，但那些潛在的無形資產是無法上交的，對於皇帝來說，他們仍構成威脅。

職場經驗談

皇帝將那些有能力造反的重臣們殺掉，剩下的大臣即使有造反之心，也無造反之力。皇帝在面臨同樣困境的時候，都會做出同樣的選擇：寧可錯殺三千，不可放過一個。

02 與功利的人太近可能被利用

利用他人的同事，經常在別人面前裝出一副可憐巴巴、無依無靠的樣子。其實他們根本不是無依無靠而且也不可憐，他們只是很狡猾地利用你，讓你在上班時間為他們做私事，心甘情願地為他們無償服務。

利用他人的同事其本質就是自私自利，這類人天天算計著怎麼利用別人，卻從來不向對方做出相應的補償，而且也不會領情。與這類人在同一個單位共事，一定要掌握一些應對的原則和技巧，否則就只能「出力不討好」、「為他人作嫁」，自己手頭的工作卻被耽誤不少。

利用他人者總是利用交往關係來達到自己的某種目的，甚至可以說，有的人之所以選擇你作為往來對象，就因為你的某種優勢符合他們的某種需要。如果你失去了利用價值，他們馬上就會與你分道揚鑣。

跟如此功利的同事共處，要拒絕被他利用。你要真想幫他，就應讓他面對責任，而不是把自己當拐杖遞給他。當他向你提出不合理的要求時，假如你怯懦、不說話，那就是不愛護自己。

當我們知道某個同事在與自己交往中，是帶有這種企圖利用自己的動機時，還要不要與他來往呢？一般說來，你不必因為發覺對方的這種動機而與其斷交，因為，你不能以一個朋友的標準去要求同事之間的交往和關係。

同事之間的交往總是有限的，也不可能過於親密。它不可能像朋友那樣，是建立在共同的興趣、志向和相互信任的基礎上，也不可能是絕對純潔的。所以，你不能對這種交往有太高的期望，也不必希望其中有太多朋友般的感情內涵。因此，儘管你發覺某人在與你交往中是在利用你，也不必感到氣憤，不必與其斷交，只需適當地把握這種交往的程度和分寸即可。

當然，我們也應該區分這種利用的目的和性質。有些人故意和自己套交情，拉關係，往往是為了拉幫結派，或者說是為了達到不光彩的目的。在這種情況下，應該及時地予以回絕和抵制。千萬不要被某些人當槍使。如果他人僅僅是想借你的某些優勢和關係為其個人解決某些實際困難，你們則可以非常自然地與人保持正常的交往。

劃清界限是應對利用他人的同事的有效方法，在與同事相處時，必須巧妙地加以運用，如果不能與利用他人的行為劃清界限，那你就很可能在熟人、朋友、「關係戶」面前失去自己的原則立場和操守，而成為被利用的可悲角色。

面對這種行為如果不早日與其劃清界限，總是無原則地代人辦事，最後只能成為別人向上爬的階梯，而自己卻一事無成。更嚴重的是，如果對方讓你代辦的事屬於違法亂紀，你也無原則地照辦，那你就會成為可悲的替罪羊。

當然，最聰明的辦法是：與這類同事保持適當的距離，以策安全。這種處事風格對你面臨職場上的風雲變幻有百利而無一害。

職場經驗談

在與同事相處時，必須巧妙地加以運用，如果不能與利用他人的行為劃清界限，那你就很可能在熟人、朋友、「關係戶」面前失去自己的原則立場和操守，而成為被利用的可悲角色。

03

二管家就是決定你命運的人

人們總說：「伴君如伴虎」，意思是上司很難伺候，風險大。但如果你侍奉的不是大老闆，而是老闆之下的二老闆，如主管、老闆娘之類，同樣也要小心謹慎，他們也不好伺候。在和他們的交往中，不能輕易得罪他們，必要時要多一些「錯位思維」。

所謂「錯位思維」就是不要站在自己的角度審視。你首先設身處地地站在二管家的角度，揣摩上司的心思；其次是站在自己的角度覺察他的工作方式、領導風格、價值標準、生活規律、興趣愛好等，之後綜合兩方面的內容找出缺點。

不要在他的傷口上撒鹽，不說他不喜歡聽的話。譬如：上司注重結果，你彙報工作就不要事無巨細地把每個過程都娓娓道來；假如他有強烈的控制欲，你就不要把很重要的事做完後只跟他說一聲「沒問題」了。

但這並不代表你在迎合奉承他，你要想在崗位上有所進步，你也很討厭他們，但又離不開他們，所以得先做好自保才能謀求更大的進步。你並不是要和他共事一輩子的，其實你也可以想，一個多事的二管家能在公司裡待多久，不久就會有走人的一天。在與他相處的時間裡，如何做好自己的事情，注意言行，不得罪他是一個不錯的選擇。同時，學會與二管家相處，對你在不安全境地下的處事為人能力也有所鍛鍊。

其實不管誰是誰非，「得罪」二管家無論從哪個角度來說都不是件好事，只要你沒想調離或辭職，就不可陷入僵局，以下幾種對策可為你留有迴旋的餘地。

首先，無論何種原因得罪他們，我們往往會想向同事訴說苦衷。如果失誤在於他們，同事對此不好表態，畢竟被他聽到也可能就此捲入不必要的紛爭，所以他們不願介入你與上司的爭執，除非是很好的朋友，否則很難有建設性的意見。

更何況，不能排除有二管家的爪牙就在你的左右。假如是你自己造成的，同事也不忍心再說你的不是，往你的傷口上撒鹽，居心不良的人會加油添醋後回報到二管家那裡，加深你與上司之間的裂痕。所以最好的辦法，是自己清醒地理清問題的癥結，找出合適的解決方式，使自己與那個難纏的二管家不再僵化下去。

其次，消除你與他之間的隔閡是很有必要的，最好自己主動伸出「橄欖枝」。如果是你犯了小錯被他放大了，你想要有個滿意的答覆，何妨先退一步，先給自己有認錯的勇氣，找出造成自己與上司分歧的癥結，向他們作解釋，表明自己在以後以此為鑑。這樣也便於進一步的溝通，提出自己的看法，畢竟也不是所有的二管家都無理蠻橫至極的。

假若是二管家的原因，他又是特愛面子的人，可以在較為寬鬆的時候，以婉轉的方式，把自己的想法與對方溝通一下，這樣既可達到相互溝通的目的，又可以替其提供一個體面的臺階下，有益於恢復你與二管家之間的正常關係。

但凡二管家都很看重自己的權威，誰給了他一個微笑，他心裡會覺得被尊重，高高在上。所以你不妨在一些輕鬆的場合，比如會餐、聯誼活動等，向他問個好，敬個酒，表示你對對方的尊重，他自會記在心裡，排除或是淡化對你的敵意，也同時向人們展示你的修養與風度。

這些對策都是給自己空間的權宜之計，關鍵是要把目光放遠，能不去得罪他們是再好不過。在一個團體內部，所有的人都是合作夥伴，都應該盡心盡力去做事，你所做的事會無形在別人眼中留下印象，這將關係到個人以後的發展。

職場經驗談

老闆身邊的紅人不一定都有本事，但有些人就是能得到老闆的信任，你應該跟他成為朋友而不是敵人，就算他能力比你差很多，你也不要得罪他。

04 認爲老闆無能是最大的無能

如果你覺得老闆無能，說明你和他的緣分即將到盡頭了。這話不僅精采，而且深刻，職場朋友應謹記在心。但是總會有人覺得老闆不如自己，甚至一無是處。這樣的人大概有以下兩種情況：

第一種自恃過高，目中無人，自己是ＩＱ博士，人家統統都是阿斗，剛出校門和剛涉足社會的年輕人中不乏這類人。其實，人外有人，天外有天，客觀一點來說，ＩＱ再高，也是上班族一名；老闆再低能，也要給你派發薪水，掌握著你的生殺大權。

有些人工作都還沒做出成績就口出狂言，甚至對老闆也出言不遜。如果傳到了老闆耳朵裡，炒你魷魚還不是小菜一碟？有些工於心計的老闆，他也不炒你，卻把你打入冷宮，被冷落的滋味會逼得血氣方剛的上班族乾脆走人。

第二種是因為老闆未重用自己，滿腹怨氣，覺得老闆是有眼不識金鑲玉，不善發掘人才的老闆豈不是無能？平心而論，不善用人才的老闆絕對不具備現代企業家的素質，但老闆不用你，是否就是想逼你走或逼你調職？一些朋友一旦被問到這個問題，就顯得茫然不知：「咦，怎麼一點跡象也沒有呀？」其實老闆如對你真的不滿意，想讓你走，但你在單位又有一定的地位和影響力，老闆肯定不會開誠佈公地就將你炒魷魚了，而是透過各種場合向你傳遞這一方面的資訊，只要你稍為醒悟一點，一定會儘早發現老闆的用意而不至於自己措手不及了。

比方說和你一道工作的同事得到了提升而你沒有；你的能力明明超過一些正職卻一直讓你擔當副職；本來一些事情明明是你做的，今年卻背著你讓別人做了；明明公司很忙，人人都要加班，可老闆卻對你體貼有加，問你如有困難可以休假；本來你一個人完全可以頂得起一攤子工作，但老闆聲稱你這個部門很重要，於是又派來兩個副手給你，誰知這兩個副手卻老是直接跟老闆報告工作，完全把你架空了。再比方說調職，從這個部門調到另一個部門，但薪水未變或者薪水較高，卻是個閒職，可有可無，這也是老闆想擠你走的危險信號。因為這說明老闆不滿意你的工作，或嫌你占著茅坑不拉屎。

遇到上述情況，只是罵老闆無能又有何用？在人屋簷下，哪能不低頭？還是為自己的前途著想最實際。如果你屬於第一種情況，嘴上無毛辦事不牢，那就應該好好自我檢討一番，吃一塹長一智，可以主動向老闆承認錯誤，並在實際工作中加以改正；但如果你認為已無可能與老闆對話，或老闆已把你看死，那就不如識趣點，自己提出辭職，但到了新單位一定要學會夾著尾巴做人，不可再重蹈覆轍了。

如果屬於第二種情況，說明你有一定的政績和工作資歷，而你可充分利用這一點要求老闆給你一些時間考慮一下去留問題。這雖是一個緩兵計，但老闆一般會答應，因為這事畢竟他理虧，會有一種負疚心理。而你可利用這段時間和你在圈內的一些朋友聯繫，相信一定會找到一份理想的工作的。

職場經驗談

你認為老闆無能，這樣的話語如果傳到了老闆耳朵裡，你很有可能就會被炒魷魚。不過有些工於心計的老闆，他不炒你，卻把你打入冷宮，讓你「生不如死」。

05

守住自己的祕密，越透明越危險

麗安是一家公司的職員，她與同事淑媚是好朋友，兩人無話不談。有一次，麗安生病，淑媚對她照顧得無微不至。麗安感動之餘，告訴淑媚多年來藏在心中的祕密……

當年麗安上大學時，看中了一位女同學的手機，因為沒錢買，居然鬼迷心竅的趁人家充電時偷走手機了，雖然事後沒有被人發現，可是這件事一直像一塊石頭一樣壓在她的心頭，揮之不去。淑媚當時安慰她說，誰都有犯糊塗的時候。麗安也因為說出這個祕密而覺得格外輕鬆。時值年底，公司效益不佳，並準備裁員。麗安和淑媚從事同一項工作，這個位置精簡後只能留下一個人，但論實力，麗安比淑媚要略勝一籌。

不久，公司就傳開了麗安一時糊塗犯下的錯誤，大家對她的印象一落千丈。誰願意和一個「小偷」共事呢？麗安也覺得顏面掃地，主動辭職離去了。

每個人都有自己的過去，都存在一些不為人知的祕密。朋友之間，哪怕感情再好，也不要隨便把你過去的事情、你的祕密告訴對方。如果你是職場中人，將你的祕密告訴自己的同事，在關鍵時刻，他很可能會跟淑媚一樣，拿出你的祕密作為武器回擊你，使你在競爭中失敗。

有的人會認為關心別人的過去是一種關係親密的暗示，或者是導向親密關係的途徑。事實上有些東西是不方便與人分享的，所以在希望別人不要探視你的內心世界的同時，將心比心，你也不要用談論過去的方式來拉近和同事的關係。

十七世紀西班牙一位著名思想家葛拉西安，曾經告誡人們：「千萬不要讓人瞭解你的全部。」他說：「深謀遠慮的藝術，就是善用你的智慧清晰地洞察情勢，衡量情勢。此中最重要的就是讓人們知道你，但不讓他們瞭解你，並不斷地培養他們對你的期望，又絕不完全滿足他們的期望。當你每成功一次，他們便會因為你的偉大業績而盼望更偉大的業績。」

這位社會經驗極其豐富的思想家還解釋說：「看透別人就能主宰別人，被別人看透則會被別人主宰，勝利能因此易手。善於識破他人，可以號令全域；善於隱藏自己，就不必擔心會落入圈套。」

「要想受到別人的尊重，就不要讓任何人瞭解你的全部。一旦被人識破你的才能局限後，你就很難獲得別人的敬仰和尊重。慎藏名度，名氣可保。」

事實上，假如一個人被人一眼就能看穿，讓人一覽無餘的話，不僅難以受到別人尊重，而且還會因此而使別人更加小心防範，甚至陷自己於危險的境地。

自己的祕密不要輕易示人，守住自己的祕密是對自己的一種尊重，是對自己負責的一種行為。羅曼・羅蘭說：「每個人的心底都有一座埋藏記憶的小島，永不向人打開。」馬克・吐溫也說過：「每個人像一輪明月，他呈現光明的一面，但另有黑暗的一面從來不會給別人看到。」這座埋藏記憶的小島和月亮上黑暗的一面，就是隱私世界。

每一個人都有自己的隱私，一般總是那些令人不快、痛苦、悔恨的往事。比如戀愛的破裂，夫妻的糾紛，事業的失敗，生活的挫折，成長中的過去……這些都是自己過去的事情，不可輕易示人。

遇到情投意合的朋友，你心裡自然十分高興，隨著時間的推移，你們的感情日益深厚。一天酒後，你把積藏在心底多年的祕密告訴了他，這充分顯示了你的真誠。你相信他不會做出傷害你的事，也許還能說明自己解決其中的部分疑難。可是不久，你們因為觀點的分歧而發生了爭吵。第二天……

要知道，祕密只能獨享，不能作為禮物送人。再好的朋友，一旦你們的感情破裂，你的祕密將可能盡人皆知，受到傷害的不僅是你，還有祕密中牽連到的所有人。

與人相處，不要把自己過去的事全讓人知道，特別是那些不願讓他人知道的個人祕密，要做到有所保留。向他人過度公開自己祕密的人，往往會因此而吃大虧。因為世界上的事情沒有固定不變的，人與人之間的關係也不例外。今日為朋友，明日成敵人的事例屢見不鮮。你把自己過去的祕密完全告訴別人，一旦感情破裂，反目成仇或者他根本不把你當作真正的朋友，你的祕密他還會替你保守嗎？

也許，他不僅不為你保密，還會將所知的祕密作為把柄，對你進行攻擊、要脅，弄得你聲名狼藉、焦頭爛額。到那時，你後悔也來不及了。

職場經驗談

事實上，假如一個人被人一眼就能看穿，讓人一覽無餘的話，不僅難以受到別人尊重，而且還會因此而使別人更加小心防範，甚至陷自己於危險的境地。

06 別人的小辮子都是你的籌碼

被人抓住辮子，特別是不利於你的前途甚至是性命的辮子，你的一生也許就不會再有太平的日子。與人交往時，對於自己的隱私萬不可洩漏出去。

首先保證不要犯什麼錯誤，在原則問題上保持清醒的頭腦。先考慮做事的後果，多向其他人請教，不要一意孤行。犯了錯誤之後，首先要認清是什麼錯誤，能夠引起什麼樣的後果。對於觸犯法律的，不要存僥倖心理，因為這種心理會成為別人得以利用你的機會。

「世上沒有不透風的牆」，一旦事情敗露，你不僅會為你原來的事情承擔責任，而且會為由於別人的利用而所做的事承擔責任。反之，如果你抓住了別人的辮子，那麼這個人就不得不受你的驅使了，即便不是如此，他也要忌你三分，在你跟前不敢放肆。

漢代的朱博本是一介武將出生，後來調任左馮翌地方文官，他便是利用這樣一些巧妙的手段，制伏了地方上的惡勢力，被人們傳為美談。

在長陵一帶，有個大戶人家出身的名叫尚方禁的人，年輕時曾強姦別人家的妻子，被人家用刀砍傷了面頰。如此惡棍，本應重重懲治，只因他賄賂了官府的功曹而沒有被革職查辦，最後還被調升為守尉。

朱博上任後，有人向他告發了此事。朱博覺得豈有此理！就找了個藉口召見尚方禁。尚方禁見新任長官突然召見，心中七上八下沒個底，也只好硬著頭皮來見朱博。朱博仔細看尚方禁的臉，果然發現有疤痕。朱博就讓左右退開，假裝十分關心的樣子問尚方禁：「你這臉上的傷痕是怎麼來的呀？」

尚方禁作賊心虛，知道朱博已經瞭解了他的情況，心想這下肯定完蛋了。就像小雞啄米似的接連給朱博叩頭，嘴裡不停地說道：「小人有罪，小人有罪。」

「既然知道自己有罪，那就原原本本地給我說來！」

「是，是。」尚方禁如實地講了事情的經過。朱博將自己聽到的與之相比較，覺得大致差不離。他用兩眼嚴厲地逼視著尚方禁，嚇得尚方禁頭也不敢抬，只是一個勁地哀求道：「請大人恕罪，小人今後再也不幹那種傷天害理的事了。」

「哈哈哈……」朱博突然大笑道：「男子漢大丈夫，難免會發生這種事情的。本官想為你雪恥，給你個立功的機會，你願意效力嗎？」

尚方禁剛開始被朱博的笑聲嚇得身上直起雞皮疙瘩，心想這下要倒大楣了。但聽著聽著，終於緩過氣來。朱博剛說完，他又是「撲通」一下跪倒在地：「小人萬死不辭，一定為大人效勞！」

於是，朱博又用好言安慰了一番，命令尚方禁不得向任何人洩漏今天的談話情況，要他努力做事，有機會就記錄一些其他官員的言論，並及時向自己報告。尚方禁已經儼然成了朱博的親信、耳目了。

自從被朱博寬釋重用之後，尚方禁對朱博的大恩大德時刻銘記在心，所以，做起事來特別賣命。不久，他就破獲了許多起盜竊、強盜等大案，工作十分見成效，使地方治安情況大為改觀。朱博遂提升他為連守縣縣令。

又過了相當一段時期，朱博突然召見那個當年受了尚方禁賄賂的功曹，對他進行了嚴厲訓斥，並拿出紙和筆，要功曹把自己受賄的事通通全部寫下來，不能有絲毫隱瞞。

功曹早已嚇得如篩糠一般，只好提起了筆，寫下自己的斑斑劣跡。由於朱博早已從尚方禁那裡知道了功曹貪污受賄的事，所以，看了他寫的罪狀，覺得大致不差，就對他說：「你先回去好好反省反省，聽候裁決。從今後，一定要改過自新，不許再胡作非為！」說完就拔出刀來。

那功曹一見朱博拔刀，嚇得兩腿一軟，又是打躬又是作揖，嘴裡不住地喊：「大人饒命！」

只見朱博將刀晃了一下，一把抓起他寫下的罪狀，三兩下將其削成紙屑，扔到紙簍裡去了。自此後，功曹終日如履薄冰、戰戰兢兢，工作起來盡心盡責，不敢有絲毫懈怠。

所以說，別人的辮子就像是木偶的提線，你抓住了這根提線，就能很大程度上控制木偶的行動。當然我們不能因為有這樣的條件就做什麼危險甚至是迷信的事。首先要心正，才可以行安，不然就沒有智慧了。

職場經驗談

「抓刀要抓刀柄，制人要拿把柄。」智者在對手身上發現了弱點，從不會輕易放過，而會用其弱點「拿住」他，為己所用。

07

不做老好人，該黑心時不手軟

做好人固然誰也不得罪，卻很容易被人欺負。何況人有千面，想討好每個人是不可能的，到頭來極有可能被所有人排斥。所以，做好人也要有原則，該硬就得硬，別被人當成軟麵團。

徐階入閣當上大學士時，正是一代權相嚴嵩氣焰最囂張的時期。徐階不和嚴嵩發生正面衝突，在政務上保持沉默跟隨的態度，讓嚴嵩感到沒有威脅。而在青詞的撰寫上精益求精，來迎合明世宗的歡心，偶爾也會在一些無關緊要的問題上提出自己的獨到見解，既不讓嚴嵩起太大的戒心，又向明世宗表明：自己和嚴嵩並非沆瀣一氣，因為臣下結黨營私同樣是明世宗的大忌。

徐階以勤勉謹慎贏得了明世宗的信任，嚴嵩對他也很滿意。這一年，世宗所居的西內萬壽宮發生大火，世宗想要重修萬壽宮，詢問嚴嵩，嚴嵩一時失察，沒有揣摩透世宗的真實意圖，感到重建宮殿缺乏木材，時間也太緊迫，便請世宗暫時遷到南城離宮。殊不知恰好觸中世宗的忌諱，南城離宮乃是明英宗當太上皇時所居住的。

世宗心內惱火，便轉問徐階，徐階力贊世宗重修，用當年修三大殿剩餘的木材，責成工部，可計日功成。明世宗大為滿意，便讓徐階的兒子督建萬壽宮，僅用三個多月時間便重建完成。

因此一事，明世宗覺得徐階比嚴嵩更為稱職，對嚴嵩則覺得不太滿意。御史鄒應龍瞭解到這一情況，覺得這是扳倒嚴嵩的最好時機，便向徐階請教。

徐階告訴他，要想除去嚴嵩，不能直攻嚴嵩，因為嚴嵩的許多惡行都是巧借皇上之手做的，攻嚴嵩極易牽連到皇上，得從他的兒子嚴世蕃入手。

鄒應龍得到徐階面授機宜，於第二天早上抗章彈劾嚴世蕃，指出他貪財攬賄、賄賂公行、居母喪縱酒荒淫幾大罪。明世宗看過後心有所動，恰好請道士藍道行為他扶乩降仙，藍道行已得宦官們請託，從中大做文章。

世宗問藍道行輔臣是否賢良，乩仙降辭說：「輔臣嚴嵩專權攬賄，實屬大奸大惡。」

世宗大驚，問道：「既然如此，上仙何不誅之？」

乩仙說：「留待陛下誅之。」

世宗篤信道教，對乩仙的話信之不疑，便決意罷免嚴嵩。他將嚴世蕃發配到雷州，又罷免了嚴嵩的職位。

徐階又派御史林潤巡視福建。嚴世蕃雖被流放，卻根本不赴戍所，反而在江西老家大興土木。林潤便上章彈劾嚴世蕃不但毫無悔過之心，反而心懷怨恨，蓄養壯士，勾結山中盜賊，並且暗通倭寇，有負險謀反之意。

世宗看罷大怒，立命林潤將嚴世蕃捉拿進京拷問。林潤和大理寺的官員審訊嚴世蕃後，把他的罪狀羅列無遺，嚴世蕃在獄中卻笑著對同黨說：「別怕，皇上看過後就會放了我們。」別人都不知何意。

徐階看過獄詞後，對大理寺的官員說：「這些罪都是嚴嵩父子巧借皇上之手做的。你們把這些列為罪狀，死的是你們，嚴公子明天就騎著馬出城門去了。」大理寺的官員惶恐請教，徐階拿起筆，親手刪削，只留嚴世蕃勾結倭寇、圖謀造反一事。

嚴世蕃聽說後，驚詫道：「死了，死了。」世宗看過獄詞後，果然大怒，將嚴世蕃斬首，家產抄沒充公。曾聚財無數的嚴嵩，最後竟餓死在別人的墳墓旁。

職場經驗談

職場上時刻都在發生著看不見的戰爭。如果屬於你的機會來臨，而你卻因為柔弱將其放過，那麼機會將不會再來。關鍵時候需要「黑心」時絕不能手軟。

08

越權指揮會使你成爲全民公敵

下級要區分哪些事情是應該請示上司的，哪些是不用請示上司就可以自己去做的。任何不當的做法都會觸犯上司的自尊心。

經過幾個月的調查研究，培德終於完成了市場調查報告。正好快到週末了，他小心地檢查了檔案資料，確認沒有什麼問題之後，分發到名單中列出的人員手中。

當回到辦公室桌前，他發現主管的臉色不對，並且對他怒目而視，一副要與他拼命的架勢。「我意識到自己無意中冒犯了他，」培德解釋說，「他給了我要分發的人員名單，我自認為按他的要求做了。然而他卻因為沒有看到最後定稿的檔案而很惱火，他覺得我眼裡沒有他。」

主管立即要培德收回檔案資料，然而一切都太晚了。「當我走進經理辦公室時，發現他正在閱讀我的那份報告。」培德說。

培德感到自從他擅自分發送檔案資料之後，主管就對他很不客氣，一直在責難他的工作。無論什麼事情都要橫挑鼻子，豎挑眼一番，最後培德辭去了工作。

安亞在經營部工作，一天下午，經理開會去了，一位客人按照約定時間來與經理見面。安亞怕打擾經理開會，也沒有與經理聯繫，就私自做主對那位客人說：「我們經理今天下午開會去了，不會回來了。」於是客人很不高興地走了。

半小時後，經理急匆匆趕來，開口就問是否有一位客人來，安亞將事情一說，經理當時就沉下臉來，說：「妳怎麼知道我不會回來，那位客人是我約了好幾次才約來的！」事後，經理總對安亞很不滿。

培德和安亞的經歷反映了工作場合中存在的基本問題。一些小的、看起來無意的錯誤，有時會造成極大的職業障礙。所幸的是，如果你知道在何處容易出錯，就能夠避免很多麻煩。那麼如何避免發生此類越俎代庖的事情呢？

首先要分清哪些事情是領導要親自拍板的，哪些是可以放手的。下級和領導人所認同的重要的事情並不完全相同，你要在日常工作中注意觀察，多累積經驗，瞭解不同上司的脾氣。如果分不清楚什麼是重要的或者不重要的，你可以透過試探向上司詢問：「我已經按照您的意見改完了，您再看一看」，或者「我改完了就發出去，可以嗎？」，此類的話就會避免發生問題，即使上司指責也是責任分半了。再怎麼說，禮多人不怪。如果真要是上司故意找你的錯，你可以拿出具體的時間、地點為自己辯護。

其次，注意程式流程。分派任務的是誰，就應當讓誰負責。上下級之間的工作程序應該嚴格執行。再次，上司有明確回答時，當作主時就做主；沒有交代的事情不要瞎做主。寧可放著不動，沒有什麼事情真的那樣急。所以，很多事情你要請示上級，特別是那些難以決斷的事情。

現在通訊設備發達，將上司、同事、相關聯人員的聯繫方式記錄在案，關鍵時刻會解脫你責任的。許多領導人正是透過有意識地保持與下屬的距離，使下屬認識到權力的存在，感受到自己的支配與權威。而這種權威對於領導鞏固自己的地位、推行自己的政策和主張是絕對必要的。

如果領導人過分和氣，不注意樹立對下屬的權威，下屬可能就會輕視領導人的權威而變得懶惰、拖延、散漫，甚至是有意識進行破壞。所以，領導人透過「架子」來顯示自己的權力，進而有效地行使權力是無可非議的。這對於領導人很好地履行自己的職責是必要的。

距離既會給領導人帶來威嚴感，也會給下屬這樣一種印象：「他可以隨時行使他的權力來達到自己的目的。」威嚴感會使領導人形成一種威懾力，使下屬感到「服從也許是最好的選擇」，而「不服從則會給自己造成不利」。但領導人在有其作為上司的心理與特點的同時，也是有平常心的，至少有平常人一樣的友情、親情、愛情……他是矛盾的。領導人也需要正常人的情感關懷。

其實，把握與上司的距離就像炒菜一樣，掌握好了火候，也就不難了。處理好與上司的關係，務必要相互瞭解。不管你多麼才華橫溢，志存高遠，沒有得到上司的任用，也是枉然。你如果對上司的習慣、方法、嗜好等有所瞭解的話，那麼在他面前說話就會更得體，工作就做得更合他的心意。這樣一來，上司自然會覺得你好。

上司對於你的前途、命運都有著很重要的作用。所以，把握好和上司之間的距離才能得到他的青睞。

職場經驗談

有些上司自尊心特別強，或者本身不自信，這樣的上司不喜歡擅自做主的下屬。把握好和上司之間的距離，掌握好職權之內的事，不越權才能得到上司的青睞。

09 藏住對自己不利的一面才能有利

隋煬帝楊廣是歷史上有名的荒淫暴君。他在位的十三年，窮奢極欲，恣意妄為，大興土木，廣費勞役，橫徵暴斂，耗盡民力。他拒絕忠良，寵信奸臣，耽迷酒色，殘殺良民，直至鬧得民怨沸騰，農民起義軍四起，眾叛親離，最後被自己的親信衛隊勒死，使隋王朝未傳二代，短命而亡。

但隋煬帝的父親隋文帝楊堅，卻是歷史上有名的崇尚節儉的有為之君。那為什麼這位有名的節儉皇帝卻偏在五個兒子中，選中了這麼個奢侈浪子作他的皇位繼承人？

依據史書記載，楊廣之所以能戰勝其兄楊勇，使得父親信任而被確定為皇位繼承人，除他本身具備的某些條件外，他主要是靠偽裝和陰謀，其中用的最順手的一招就是「瞞天過海」。

楊廣一方面揣摩皇帝、皇后所好，「彌自矯飾」，表面上一反楊勇所為，他本來妻妾無數最為奢侈，但當他獲知隋文帝與獨孤皇后要到他的王府來時，就立即「將美貌姬妾藏於別室，惟留老醜者，穿著布衣，侍奉左右」；又把華麗的緯帳暫時撤走，改用素色稀布，還故意將樂器的絲弦弄斷，讓上面落滿灰塵，更裝著平時只與正妃肖氏居處，不近任何姬妾。

隋文帝夫婦見狀，當然非常高興，因此對他更加器重。

楊廣另一方面廣結心腹，凡是皇帝、皇后派遣的人到王府，不分貴賤，他都和肖妃親自迎接，贈以厚禮，使得這些人在帝、后面前，無不稱其仁孝。

楊廣還結交善於相面的人，送他們厚禮，讓他們當著皇帝的面，故意遍視五位皇子，然後悄悄對文帝說：「晉王眉上雙骨隆起，貴不可言。」

文帝問大臣韋鼎：「我諸兒誰可繼位？」

韋鼎心知他最喜歡楊廣，就附和說：「至尊、皇后所最愛者當與之。」

楊廣既然已經成功地取得皇帝皇后的好感，下一步就是設法除掉楊勇，他挖空心思也沒有找到楊勇的罪過，就只好靠造謠中傷來陷害他這位「性寬厚」的兄長。

楊廣入宮拜辭母后時，故意伏地痛哭說：「臣性識愚下，不知何事得罪東宮，常欲屠殺陷害於臣，每恐饞僭生於投抒，鴆毒遇於杯勺，是以勤憂積念，懼履危亡。」

獨孤皇后聽後大怒，憤然說：「我在尚如此，我死後當魚肉汝乎？東宮無正嫡，至尊千秋後，汝兄弟向阿雲兒參拜，此是何等苦痛！」

從此，這位與隋文帝並稱「二聖」的獨孤皇后，下決心廢掉楊勇，另立楊廣。

但起決定作用的仍然是楊堅，楊廣得下工夫攻開這座堡壘，但文帝素來「性嚴重明敏」，靠直接造謠中傷是行不通的。楊廣知道，在滿朝文武中，能左右影響皇帝的只有楊素一人，而楊素最聽兄弟楊約的話，於是他和心腹宇文述密謀，用博戲的辦法厚賂楊約。

又經由楊約鼓動楊素說：「太子每切齒于執政（當時楊素是宰相），一旦主上晏駕，太子用事，恐禍至五日。如能請立晉王，晉王必永銘骨髓。斯則去累卵之危，成太山之安，可以長得榮祿。」老謀深算的楊素聞言大喜，就常在皇帝、皇后面前「盛言太子不才」，又謊奏太子「楊勇怨望，恐有他變，願深防察」。

楊素是楊堅最信任的重臣，楊素對太子的詆毀，不由楊堅不信，最終廢了太子另立楊廣。就這樣，楊廣蒙蔽了他的父皇和母后，謀取了大隋江山。

還有一個類似的示假隱真，店老闆巧發財的故事。

某年秋天，神戶市有家經營煤炭的商會正式掛牌營業了，該商會的老闆是龜田久永。說起來，他成立商會還多虧父親的老友張先生慷慨解囊和全力相助，對此厚意，久永君刻骨銘心，念念不忘，並隨時準備報答。

開業沒幾天，來了一位客人，自稱是當時神戶市最有名的飯店——春山飯店的侍者，請求約見商會老闆，並恭恭敬敬地遞上一份請柬及一份舉薦書。久永君接過請柬，只見上書：久永先生親啟，落款「山口太郎」。

看了一眼來者，疑惑地打開請柬及舉薦書，待閱完後，才知是張先生部下道原舉薦來人山口太郎與其做煤炭生意，為表示謝意，山口太郎準備在春山飯店略備薄酒一桌，以便席間向久永君請教生財之道，請柬中字裡行間都充滿了對久永君的無限敬慕之情。

既然是自己恩人部下舉薦的朋友，焉敢怠慢，不看僧面還得看佛面呢。他向山口太郎說了幾句客套話後，便欣然應允，表示願意於今晚前去赴約。

夜幕很快籠罩了大地。龜田久永換上一身筆挺的西裝，帥氣十足地來到春山飯店，山口太郎早已在那裡恭候大駕光臨了。一進飯店大門，久永君就受到了周到熱情的服務。酒酣耳熱之際，正是談判的好機會。

山口太郎深諳此道，他認為時機已到，便態度極誠懇地向久永君提議到：「久永先生，我有一個好朋友阿部君，是日本橫濱的一個著名的煤炭零售商，信譽好，客戶多，生意很興隆，如果您信得過我並願意給我提供一個為您效勞的機會，我很樂意為你們從中牽線搭橋。對於您，可以由此擴大煤炭銷售量，增加銷售管道，進而加速資金周轉，取得更多的收益；對於我的好朋友阿部君來說，由此便會擁有可靠而穩定的貨源，經營也會更有起色，至於我本人，只想從您那裡得到一定量的傭金即可。」久永君聽完此言，猶豫不決。

山口太郎並沒有逼對方馬上做出決定，而只是若無其事地招來服務小姐：「小姐，聽說你們神戶市的特產瓦礫燒餅味道不錯，能否勞駕給我買些來？」說著，便從口袋中掏出一大疊錢來，並隨意從中抽出兩張大額鈔票作為小姐的小費。

久永君望著那厚厚的一疊票子，再看看山口太郎付小費時的瀟脫樣，斷定對方肯定是個資金實力雄厚的大老闆，與其做生意不會有什麼危險的，便主動與山口太郎就煤炭交易一事做了詳盡的洽談，爽快地答應了他的要求

其實，山口太郎只不過是橫濱的一個小煤炭經銷商，眼看著要關門破產，生意做不下去了，他從朋友那裡得知久永君與藤澤道原君的特殊關係後，便以自己的煤炭店作抵押向銀行貸了一部分款；並以欲與久永君做煤炭生意為藉口請道原君為其寫了一封舉薦信；然後，再借助於春山飯店這一大舞臺，成功地

上演了一出「瞞天過海」戲，一切都是那麼自然而然，順理成章，山口太郎高超的談判本領使他不花分文，將久永君煤炭商會的煤，轉手賣給阿部的零售店，一進一出，一來一去，獲利頗豐，一度瀕臨倒閉的小煤炭經商店又如日中天，蓬勃發展起來。

職場經驗談

在競爭當中，我們應該掩藏起對自己不利的一面，表現出有利的一面，只有這樣，才有可能在競爭中獲勝。

10 讓別人佔便宜的人是最大贏家

生活中總有這樣的人，他們做事時一門心思只考慮不能便宜了別人，卻忽視了對自己是否有利。讓別人占點便宜，是為了自己以後不吃虧，所以做事要有「手腕」，不要怕便宜了別人。

老劉與紀伯是鄰居，某天夜裡，紀伯偷偷地將隔開兩家的竹籬笆，往陳家移了一點，以便讓自己的院子寬一點，這舉動恰好被老劉看到了。紀伯走後，老劉將籬笆又往自己這邊移了一丈，使紀伯的院子更寬敞了。紀伯發現後，覺得很慚愧，不但還了侵佔陳家的地，而且還將籬笆往自己這邊移了一丈。

老劉的主動吃虧，讓紀伯感到內疚，他產生了「以小人之心，度君子之腹」的感覺，就欠了老劉的一個人情債。每當他想起時，一樣會內疚，還是會想法報答紀伯。

不管是大虧還是小虧，對辦事有幫助的，你要盡可能地吃下去，不能皺眉。尤其是大虧，有時更是一本萬利的事情。

徐先生從香港來到廣州，投資兩百多萬港幣在花園酒店附近興建了第一家南朝鮮酒家，但生意平平。另一間的南海漁村開張也很不順利，前三個月就虧了五十多萬元。一天，他在同一街上看到兩家時裝店，一家生意興旺，另一家卻相當平淡。什麼原因呢？他走進那家旺店一看，原來店裡除了高檔貨外，還有幾款特價服裝。

他受到了啟發，於是就創出了「海鮮美食週」的點子——每天有一款海鮮是特價的，而且售價遠遠低於同行的價格。當時，基圍蝦的市場價格為五百公克三十八元，徐先生把它們降到十八元。不出所料，這招一舉成功，很多食客就衝著那一款特價海鮮，走進了南海漁村大門。

降低價格，原來是準備虧本的，但由於吃的人多，每月銷出四噸基圍蝦，結果不但沒虧本，反而賺了錢。自此以後，南海漁村門庭若市，顧客絡繹不絕。

飯店酒樓的經營者之所以能夠成功，往往是在人「貪便宜」、「好嘗鮮」的本性上做足了文章。因為貪便宜，一看到原本三十八元一斤的基圍蝦降價到十八元一斤，人們便蜂擁而至搶便宜貨，酒樓因此也就出了名，大把的鈔票自然流入老闆的口袋。

職場經驗談

讓別人占點便宜並不是要大家隨時隨地都去吃虧。吃虧是有學問，有講究的。我們要學會吃虧，要吃在明處，至少你應該讓對方「瞎子吃湯圓——心中有數」。這樣做你才能讓別人覺得欠你人情，以後你若有求於他，他才會全力以赴。

11 不露痕跡地裝糊塗是眞聰明

裝糊塗是一門高超的處世藝術，裝糊塗，宗旨只有一個：掩藏真實意圖；要求只有一個，逼真，使旁觀者深信不疑。

日本某公司與美國某公司進行一次重大技術協作談判。談判伊始，美方首席代表便拿著各種技術資料、談判專案、開銷費用等一大堆材料，滔滔不絕地發表本公司的意見，完全沒有顧及到日本公司代表的反應。實際上，日本公司代表一言不發，只是在仔細地聽、認真地記。

美方講了幾個小時之後，終於開始想起要徵詢一下日本公司代表的意見。

不料，日本公司的代表似乎已被美方咄咄逼人的氣勢所懾服，顯得迷迷糊糊，混沌無知，日方代表只會反反復復地說「我們不明白」，「我們沒做好準備」，「我們事先也沒有技術資料」，「請給我們一些時間回去準備一下」。第一輪談判就在這不明不白中結束了。

幾個月以後，第二輪談判開始。日本公司似乎因認為上次談判團不稱職，所以予以全部更換。新的談判團來到美國，美方只得重述第一輪談判的內容。不料結果竟與第一輪談判一模一樣，由日方對談判項目「準備不足」，日本公司又以再研究為名，毫無成效地結束了談判。

經過兩輪談判後，日本公司又如法炮製了第三輪談判。在第三輪談判不明不白地結束時，美國公司的老闆不禁大為惱火，認為日本人在這個項目上沒有誠意，輕視本公司的技術和基礎，於是下了最後通牒：如果半年後日本公司依然如此，兩公司間的協定將取消。隨後，美國公司解散了談判團，封閉了所有資料，坐等半年以後的最終談判。

萬萬沒有料到的是，僅僅過了八天，日本公司即派出由前幾批談判團的首要人物組成的談判團隊飛抵美國。美國公司在驚愕之中只好倉促上陣，匆忙將原來的談判成員從各地找回來，再一次坐到談判桌前。這次談判，日本人一反常態，他們帶來了大量可靠的資料，對技術、合作分配、人員、物品等一切有關事項甚至所有細節，都做了相當精細的策劃，並將精美的協議書擬定稿交給美方代表簽字。美國人傻了眼，但一時又找不出任何漏洞，最後只得勉強簽字。

不用說，由日本人擬定的協議對日方公司極為有利。在美日的談判較量中，日本人巧裝糊塗，以韜光養晦的謀略獲得了最終的勝利。其實作為一種謀略，「糊塗」不僅能在商場上取得出奇制勝的效果，也能在關鍵時刻上人逢凶化吉，轉危為安。

陳平在當初投奔漢王劉邦的時候，曾發生過這樣一宗險事。那是春夏之交的時節。一天中午，天空陰沉沉的，碧綠的田野一片靜寂。這時，從楚王項羽的軍營裡走出一個人，身穿將軍服，佩帶一把寶劍，一路十分警覺地順著田間小路，急匆匆地向黃河岸邊趕去。這個人就是陳平，他偷渡黃河去投奔漢王劉邦。

陳平趕到河邊，上了一艘渡船。船上共有四、五個人，都是虎背熊腰，一臉凶相。陳平心知不妙，但擔心誤了時間，楚兵會很快追趕上來，只好見機行事。船隻慢慢離開了岸，陳平總算鬆了口氣，但他敏銳地觀察到，船上這幾個人竊竊私語，相互遞著眼色，流露出不懷好意的舉動。

「看來是個大官，偷跑出來的。」

「我想，他懷裡一定有不少珍寶和錢，嘿嘿。」

坐在艙內的陳平聽到船尾兩個人這樣低聲議論，並發出陰險的笑聲時，不禁有些緊張。心想：「他們要謀財害命！我身上沒有什麼財物和珍寶，只是獨夫一個，只有一把劍，肯定敵不過他們。如何安全地擺脫危險的困境呢？」這時船到了河中央時，速度明顯地減緩了。

「他們要下手了，怎麼辦？」望望陰霾的天空，他從船內站起來，走出船艙說了句：「艙內好悶熱啊！熱得我都快要出汗了。」

陳平邊說邊佯作若無其事地摘下寶劍，脫掉大衣，倚放在船舷上，並伸手幫他們搖船。這一舉動，出乎他們的預料，使他們一時不知道該怎麼辦才好。

陳平很用力地搖船。過了一會兒，他又說：「天悶熱，看來要來一場大雨了。」說著，又脫下一件上衣，放在那件外衣之上。過了一會兒，再脫下一件。最後，他索性脫光了上衣，赤著身子，幫他們搖船。

船上那幾個人，看見陳平沒有什麼財物可圖，就此打消了謀害他的念頭，很快把船划到對岸了。陳平在這樣的情況下，不論是向船家極力辯解，還是憑一時血氣之勇拔劍與船家展開搏鬥，恐怕都難以逃脫被船家殺害的悲慘結局。但他卻能夠假裝糊塗，以自己的機智善變為自己化解了殺身之禍。

職場經驗談

裝糊塗，除了演技之外，還需要自信。自信自己會成功，自信自己能愚人耳目以假亂真，自信自己演技出神入化，爐火純青。這樣，演起戲來才沉著冷靜，應付自如。

12 不懂掩飾，你可能會被玩死

西漢初期有一個叫石奮的人，他並沒有什麼過人的才能，卻成為當時的一代名流。當年劉邦攻打項羽時，路過石奮的家鄉，石奮追隨劉邦征戰。當時年僅十五歲的石奮態度為人謹慎，不求大功也無大過，這給劉邦留下了很深的印象。石奮家中有個姐姐，於是，劉邦便召石奮的姐姐入宮做了美人，石奮因此得到了中涓一職，負責受理大臣進獻的文書和謁見之事。

到漢文帝時，石奮一直做到了大夫一職。這時候的他做事更加小心，處處與人和善，因而很得大家愛戴，眾大臣又推舉石奮做了太子太傅。到漢景帝即位時，他已經官居九卿之位，景帝又升他做了諸侯丞相。

石奮的長子石建，二子石甲，三子石乙，四子石慶，都因為性情順馴，對長輩孝敬，辦事謹慎，官位都達到了二千石，這都相當於現在的部長級別。石奮和他的四個兒子加在一起已經達到萬石，這在任何朝代都沒有過的事情，漢景帝因此稱呼石奮為萬石君。

漢景帝末年，萬石君以上大夫的俸祿告老回家。皇帝有時還賞賜食物送到石家，石奮必定叩頭跪拜之後才彎腰低頭去吃，就像在皇帝面前一樣。在朝廷舉行盛大典禮時，石奮仍會參加。當經過皇宮門樓時，石奮一定要下車急走，見到皇帝的車駕一定要手扶在車軾上表示致意。

石奮的孫輩們做了小吏，回家看望他，他也一定穿上朝服接見他們，而且並不直呼他們的名字。成年的子孫在石奮身邊時，即使是閒居在家，他也一定要穿戴整齊，顯示出嚴肅整齊的樣子。

石奮不僅對自己要求嚴苛，對子孫也是如此。子孫中若有人犯了過錯，石奮並不責斥他們，吃飯的時候不坐在正席，而是坐在側座，對著餐桌不吃飯。

這樣一來，其他的子孫們就紛紛責備那個有錯誤的人。直到族中長輩求情，做錯事的人裸露上身表示認錯，石奮才會原諒他。

後來石奮的大兒子石建做了郎中令，小兒子石慶做了內史。當時石建已經年老髮白，每五天才能休假一天，回家拜見父親時，先進入侍者的小屋，私下向侍者詢問父親情況，拿走石奮的衣服去門外水溝親自洗乾淨，再交給侍者，不敢讓父親知道。

石建做郎中令時，有事向皇帝諫說，能避開他人時才暢所欲言，說得非常懇切；而在朝堂之上，他則裝出不善說話的樣子，表示對皇帝的尊敬。

而石慶有一次喝醉酒回來，進入裡門時沒有下車。石奮聽到這件事後不肯吃飯，石慶恐懼，袒露上身請求恕罪，石奮仍不原諒他。後來全族的人都袒露上身請求恕罪，石奮才說：「內史是尊貴的人，要懂得約束自己！」從此以後，石慶和石家的弟兄們進入裡門時，都下車快步走回家。

石奮一家歷經漢初數代，屹立不倒，堪稱中國歷史中的異類。石奮從漢朝建國起，直到漢武帝期間去世，朝廷發生過很多次大的變動，但石奮卻能一直保持「不敗」，他的子孫輩自始至終得到漢朝幾代皇帝的器重。這裡面的原因，就在於石家人懂得生存之道。

石家幾代都沒有太多的才能，屬於平庸之輩，卻能輝煌一時，其材與不材間的生存之道值得我們學習。人們常說，「槍打出頭鳥」。這些都說明，在某方面過於突出往往會給人帶來災難；而那些不是人才的平庸之人往往平平安安、幸幸福福地度過一生。

有一個木匠帶著弟子一起去伐木，弟子看到一棵很美的大樹，但木匠連看不都不看一眼，根本沒有砍它的意思，繼續前行。

弟子不知何故，木匠告訴弟子：「這棵樹，如果用它做船則沉，做棺材很快就腐爛，做成傢俱很快就損壞，用作門很快出水，用作柱子則很快被蟲子蛀掉，這棵樹不能用作任何東西的材料，它是不材之木。正因為它是不材之木，它才能如此長壽，長得如此茂盛。」

在人類社會中，戰爭年代的許多英雄人物不是戰死沙場，就是在輝煌後被自己人所害。而在和平年代，所謂的人才，又會成為他人嫉妒的對象，或者成為權勢者利用的對象。儘管，才能突出往往招致危險，然而，我們又不能完全成為不材之木。

還是前一個故事中的木匠，他帶著徒弟從山林中走了出來，留宿在朋友家中。朋友很高興，準備殺鵝款待他。

這時，朋友家的奴僕問自己的主人：「兩隻鵝，一隻會叫，另一隻不會叫，應該殺哪一隻？」

朋友回答道：「殺那隻不會叫的。」

木匠的弟子聽到這段對話後，便去問木匠：「昨日我們遇見山中的大樹，因為不成材而能終享天年。如今這家的鵝，因為不成材而被殺掉。那麼，請問師傅我們應該怎麼做才好呢？」

木匠微微一笑，回答道：「我將處於材與不材之間。」

當今社會是鼓勵人們儘量展示自己才能的，處於材與不材之間，似乎與時代的意識形態相左。要成功，成為有用之才，但突出才能不能成為發展的敵人。要切記，千萬別鋒芒太露。

我們在能力上要突出，但行為表現上要努力成為社會中不為人注意的一分子，這樣往往才能夠保護自己，不受傷害。

在職場上，需要做的就是「從眾」，即「與眾相同」，這是最安全的策略。就好比百萬富翁、千萬富豪，周圍的人都不如他們，一旦露富，財富就會給他們帶來麻煩，甚至是災難。

在工作中，應當尋求恰當的機會施展才能，而不是時時表現才能。因為你的才能往往是同事臉上無光的根源，同事就會嫉妒你，並給你設立障礙，或以「明槍」或以「暗箭」傷害你。此時，才能會成為發展的障礙、不順心的來源，乃至不幸的根源……

在職場中生存的正確之道是：將鋒芒藏匿，不炫耀、逞能，努力尋求機會將才能展示出來，對社會有所貢獻。才能是上天的一種恩賜，使之浪費是一種罪過，但選擇施展才華的機會一定要適當。

職場經驗談

如果才能出眾，便會顯得與眾不同，容易被他人所傷；但如果一無是處，同樣也會「突出」，照樣被人所傷。女人漂亮可能導致災禍，奇醜的女人同樣會不幸。所以，我們需要處於材與不材之間。「長相」難以掩蓋，但才能則可以掩蓋。

● 公司絕不會告訴你的祕密

把公司的曖昧徹底說清楚！

老闆不會記住你的功勞，只會記住你創造的利潤。
你在老闆眼裡也許只是過客，沒有舊情。

任何公司都藏有你不知道的祕密。
老闆不告訴你，是因為他不想讓你把什麼事情都看透。
要是想在職場上獲得更明白一些，你就必須認真閱讀本書。

● 職場潛規則：這些公司不會告訴你的事

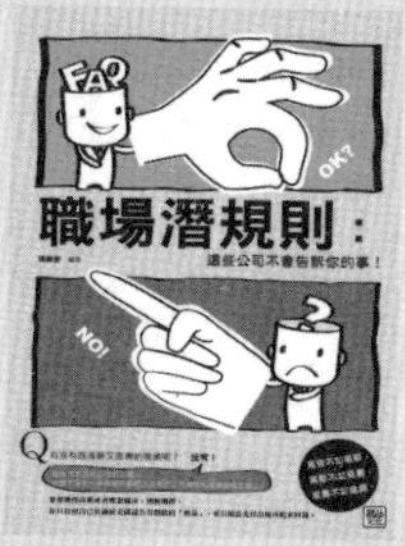

高官不如高薪，高薪不如高壽，高壽不如高興。

有沒有既高薪又高興的職業呢？沒有！因為天下沒有白吃的午餐，
老闆不會把一份輕鬆快樂收入又高的工作無端地奉送給他的員工。
要想獲得高薪或者理想職位，別無選擇，
你只有使自己裝滿被老闆認為有價值的「商品」，並且願意先付出後再追求回報。

● 不做第一，只做唯一：最具魅力的職場特質！

「鐵飯碗」早已成為了傳說。

企業不是慈善機構，為了適應市場競爭並贏得競爭，它必須時刻保持著驚人的動力。在職場上，如果你不是老闆，那麼對你而言最重要的事情不是工作，而是將自己變得不可替代。這是你存在於組織之內、獲得提升和較高薪水的唯一基礎。

● 人在職場飄，哪能不挨刀：讓你趨吉避凶的職場生存法則！

人可以不聰明，但不可以不小心。
寧可不識字，不可不識人！

在同事之間，不可避免地會出現或明或暗的競爭。
表面上可能相處得很好，實際情況卻不是這樣，
有的人想讓對方出錯，自己好有機可乘，得到老闆的特別賞識。
為了讓自己有更好的立足，我們要學會小心謹慎！
在工作與生活上，大家無不在相互利用著，其實，利用是相互的，
被他人利用的同時，更多的時候也在利用對方。

提防那些「好心人」：職場經驗談

（讀品讀者回函卡）

■ 謝謝您購買這本書，請詳細填寫本卡各欄後寄回，我們每月將抽選一百名回函讀者寄出精美禮物，並享有生日當月購書優惠！
想知道更多更即時的消息，請搜尋"永續圖書粉絲團"

■ 您也可以使用傳真或是掃描圖檔寄回公司信箱，謝謝。
傳真電話：（02）8647-3660　　信箱：yungjiuh@ms45.hinet.net

◆ 姓名：＿＿＿＿＿＿　□男 □女　□單身 □已婚

◆ 生日：＿＿＿＿＿＿　□非會員　□已是會員

◆ E-mail：＿＿＿＿＿＿　電話：(　)＿＿＿＿

◆ 地址：＿＿＿＿＿＿

◆ 學歷：□高中以下 □專科或大學 □研究所以上 □其他＿＿＿＿

◆ 職業：□學生 □資訊 □製造 □行銷 □服務 □金融
□傳播 □公教 □軍警 □自由 □家管 □其他＿＿＿＿

◆ 閱讀嗜好：□兩性 □心理 □勵志 □傳記 □文學 □健康
□財經 □企管 □行銷 □休閒 □小說 □其他

◆ 您平均一年購書：□ 5本以下 □ 6～10本 □ 11～20本
□21～30本以下 □ 30本以上

◆ 購買此書的金額：＿＿＿＿＿＿

◆ 購自：□連鎖書店 □一般書局 □量販店 □超商 □書展
□郵購 □網路訂購 □其他

◆ 您購買此書的原因：□書名 □作者 □內容 □封面
□版面設計 □其他

◆ 建議改進：□內容 □封面 □版面設計 □其他＿＿＿＿

您的建議：

剪下後傳真、掃描或寄回至「22103新北市汐止區大同路三段194號9樓之1讀品文化收」

提防那些「好心人」：職場經驗談